기계공학응용실험

제3판

기계공학실험교재편찬위원회

MECHANICAL ENGINEERING LABORATORY

청문각

정보화, 지능화, 첨단화, 시스템화되어 가고 있는 미래의 기계산업을 이끌고 선도해 갈 현장적응력과 창의력을 갖춘 능력 있는 기계공학자를 키워내는 데 있어서 실험교육의 역할은 매우 크다. 최근 기계공학교육의 큰 변화 가운데 하나는 과거 기본역학이론에 근거한 기초적 해석과 응용설계교육에 컴퓨터를 이용하는 역학 및 기계시스템의 해석과 설계, 제어, 계측, 메카트로닉스 교육내용을 크게 도입하고 있는 것이다.

본 교재는 10여 년 전 기계공학교육의 이러한 변화에 발맞추어 과거의 기초역학실험 위주의 기계공학실험을 탈피해서 컴퓨터를 이용한 실험, 즉 데이터 획득 및 가공, 기계시스템 해석, 제어실험을 대폭 도입한 내용으로 만들어졌다. 이 실험을 통하여 종합설계과제나 졸업설계과제를 수행할 수 있는 기계공학 전반에 대한 실험지식과 컴퓨터 활용능력을 배양할 수 있도록 하였다. 그간 본 교재를 가지고 실험교육을 수행하면서 확인된 오류부분과 부족한 부분을 수정·보완하고, 몇 가지 실험요목은 교체해서 이번에 새롭게 수정·보완판을 내놓게 되었다.

본 교재에서는 현재 대학 학부에서 일반적으로 개설되는 기계공학교과과정을 5개 분야로 나누어 유체·열역학 분야에서는 제트의 유동장 측정실험, 열전달 실험, 내연기관 성능실험을, 고체역학 분야에서는 초음파를 이용한 재료물성 측정실험, 인장실험, 스트레인 게이지 응용실험을 다루며, 동역학·진동 분야에서는 기계시스템 운동의 시뮬레이션, 기초진동실험을, 제어·자동화 분야에서는 DC 서보모터 제어실험, PLC 사용법을, 가공제조 분야에서는 절삭력 측정실험과 링 압축에 의한 소성마찰상수 측정실험을 다룬다.

이들 대부분 실험에서 컴퓨터를 이용한 실험능력을 배양시키기 위해 PC를 이용하여 측정된 데이터를 획득하고 처리, 가공, 디스플레이를 하도록 실험장치를 구성하였다.

실험교육은 참여자가 대상실험에 대한 깊은 관심과 호기심, 그리고 예리한 공학적 통찰력을 갖고 실험에 정성을 쏟을 때 성공적으로 그 목적을 달성할 수 있다. 본 교재의 실험을 통해 이론강의로만 습득한 공학적 지식이 체험적으로 이해되고, 창의적인 응용능력이 형성되기를 기대한다.

2016년 2월
부산대학교 기계공학실험교재편찬위원회

C O N T E N T S

실험 1 제트의 유동장 측정실험 9

실험 2 열전달 실험 23

실험 3 내연기관 성능실험 43

실험 4 초음파를 이용한 구조진단 실험 71

실험 5 인장실험 83

실험 6 스트레인 게이지 응용실험 97

실험 7 기계시스템 운동의 가시화 111

실험 8 기초 진동실험 125

실험 9 DC 서보모터 제어실험 153

실험 10 PLC 응용실험 181

실험 11 절삭력 측정실험 203

실험 12 링 압축에 의한 마찰상수 측정실험 215

제트의 유동장
측정실험

◄1► 실험목적

유체의 유동장의 속도를 측정할 수 있는 방법은 여러 가지가 있는데, 그중에서 흔히 사용되는 것은 피토관과 열선유속계이다. 피토관을 이용하면 평균속도만을 측정할 수 있지만 비교적 정확한 값을 얻을 수 있다. 그러나 열선유속계를 이용하면 매우 불규칙적인 난류속도까지도 측정이 가능하다.

본 실험에서는 열선유속계를 이용하여 2차원 노즐에서 분사되는 제트 유동장의 속도를 측정하여 제트 유동의 구조를 파악하고, 유동장의 측정법 및 측정장비인 열선유속계와 피토관의 사용방법, 측정된 자료의 분석 및 취합능력을 함양시켜서 그 응용력을 배양시키고자 한다.

◄2► 실험내용 및 이론적 배경

1 실험내용

노즐에서 분사되는 제트의 유동장은 눈으로 확인할 수 없다. 이러한 유동을 속도측정 실험을 통해 그 유동의 모습을 파악하고 도시하도록 한다. 측정에 필요한 장비는 여러 가지가 있으나 본 실험에서는 열선유속계의 이용법을 익힌다. 열선유속계를 이용하여 측정된 데이터는 개인용 컴퓨터를 사용하여 분석하고 처리하여 속도장을 표현한다. 열선유속계를 이용한 속도측정을 위해서는 그 데이터의 신뢰성을 위해 피토관을 이용하여 교정작업을 수행한다. 동시에 본 실험에서 사용하게 되는 피토관과 열선유속계의 작동원리를 익힌다.

2 이론적 배경

(1) 제트 유동의 일반적 특성

노즐을 통하여 분출되면서 주위의 유체보다 국소적으로 높은 속도를 가지는 유동을 제트(jet)라 하며, 여기서는 정지된 공간 내로 분사되는 제트에 대한 실험을 수행한다. 제트가 분사되면 그림 1.1에서 보는 바와 같이 중심선상에서의 속도가 최대이고 폭방향으로 갈수록 속도가 감소되어 속도가 영으로까지 떨어진다. 이때 제트의 폭은 하류로 갈수록 넓어지고 최대속도의 크기는 감소된다. 또한, 가장자리로부터는 주변의 유체가 유입된다. 이러한 제트가 하류로 갈수록 넓어지는 정도를 나타내는 척도는 분류반폭(jet half width)을 사용하는데, 그것은 제트 하류의 임의의 위치에서 최대속도의 반이 되는 속도 크기를 가지는 거리를 측정하여 연결한 선이다. 그 외에도 제트가 가지는 유동의 특성을 나타내는 것으로는 다음과 같은 것이 있다.

- 퍼텐셜코어(potential core): 노즐 출구로부터 시작하여 균일속도가 유지되는 구간

그림 1.1 제트 유동의 일반적 특성

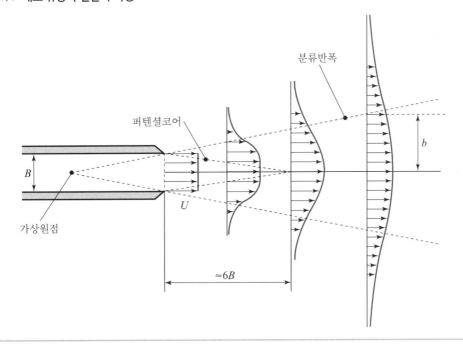

- 유입(entrainment): 주변의 유체가 제트의 가장자리를 통해 끌려오는 현상
- 자체유사: 하류방향으로 가면서 속도 및 난류강도 등의 무차원 분포가 변하지 않는 현상

(2) 자체유사

제트가 분사된 후 일정한 거리가 지난 하류에서 각각의 위치에서의 속도분포는 다르지만 제트의 폭($2b$) 및 중심선 최대속도로 무차원화하면 단일속도 분포로 나타나는 것을 자체유사(self-preservation)라 하고 식으로 표현하면 다음과 같다.

$$\frac{u}{u_m} = f\left(\frac{y}{2b}\right) \tag{1.1}$$

(3) 피토관의 동작원리

피토관(pitot tube)은 구조가 비교적 단순하면서도 정확한 유속측정이 가능하여 지금까지도 널리 사용되고 있다. 피토관은 여러 가지 형태를 가지며 전형적인 예를 그림 1.2에 나타내었다.

그림 1.2에서 1은 정체점(stagnation point)으로, 여기서 측정되는 압력은 정체압 P_0이고, 이는 다음과 같이 정압(static pressure)과 동압(dynamic pressure)의 합으로 나타내어진다.

$$P_0 = P_s + P_d \tag{1.2}$$

그림 1.2 **피토관의 구조**

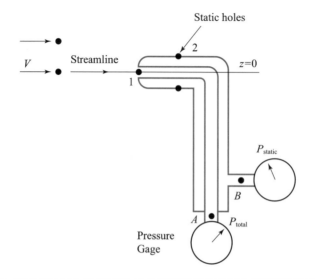

정압 P_s는 정체점과 같은 유선상의 압력이며 동시에 2점에서 측정되는 압력과 같다.
또한, 동압 P_d는 다음과 같이 표현되므로

$$P_d = \frac{1}{2}\rho u^2 \tag{1.3}$$

P_0와 P_s는 각각 P_t와 P_B와 같다. 따라서 이를 이용하여 속도를 얻을 수 있다.

(4) 열선유속계의 동작원리

열선유속계는 유동장 내부에 일정한 온도로 가열된 가느다란 저항체(열선; hot-wire)를 설치하고, 유동으로 인하여 발생하는 열전달 효과를 이용하여 속도를 측정하는 장치이다. 열선프로브는 그림 1.3에서 보는 바와 같이 두 개의 지지대 사이에 짧고 가는 선으로 구성되어 있다.

열선유속계로 속도를 재는 방법에는 정전류방식(constant current)과 정온도방식(constant temperature)의 두 가지가 있다. 정전류법은 측정부선(sensing wire)에 일정한 전류를 흐르게 하는 것으로, 유속에 따라 열선의 온도가 달라지고 이는 곧 저항의 변화에 따라 발생하는 전압차를 측정함으로써 유속을 측정하는 방식이다. 정온도법은 열선의 온도를 일정하게 유지하도록 하여 유속에 따라 발생하는 열전달 효과를 보충하는 데 필요한 전류의 변화를 통하여 유속을 측정하는 방법이다.

유동 중에 놓인 열선에서의 열전달은 주로 대류에 의해서 발생하고 복사나 전도는 무시할 수 있을 정도로 작다. 실험적인 결과에 따르면 열선에서의 유동에 따른 열전달에 관한 식은 다음과 같다.

그림 1.3 **열선유속계의 구조**

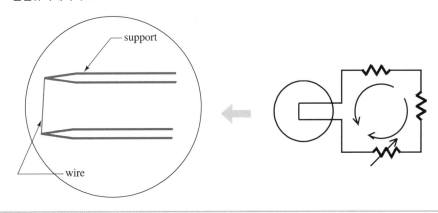

$$\frac{\text{Power}/(\text{unitlength})}{\text{Temperature difference}} = \frac{i^2 R}{T - T_g} = A + B\sqrt{V_g} \qquad (1.4)$$

여기서, i는 전류, R은 단위길이당 열선의 저항, T는 열선의 온도, T_g는 유동의 온도, V_g는 열선에 걸리는 전압, A, B는 상수이다.

(5) 교정의 원리

피토관과 열선유속계에서 출력되는 신호는 유속과 비선형 관계에 있으므로 출력전압과 유속의 상관관계를 정의해 주어야만 한다. 이 작업을 교정(calibration)이라 한다. 교정작업의 원리는 교정기(calibrator)를 통하여 충분한 구간에서 기지의 유동을 발생시키고, 이때의 피토관과 열선풍속계에서의 출력전압들을 취득하여 최소제곱법을 사용하여 근사함수를 구하는 것이다.

(6) l-type 열선의 교정

노즐의 경계층 두께를 측정하고 자유제트(free jet)의 기초 특성을 파악하기 위해 사용된 I형 열선은 지름 4 μm 텅스텐 재질이다. 열선의 교정을 위하여 속도로의 환산(reduction)이 쉽도록 유속에 대한 브릿지 출력전압의 3차 다항식으로 최소제곱 근사한 교정식을 사용한다. 교정결과는 그림 1.4와 같고 0.5~42 m/s 사이의 전 교정구간에서 근사 정도가 매우 좋다. 그림 1.4에 나타난 자료들은 교정 시의 기압과 온도를 표준대기 조건에 맞추어 놓은 것이므로, 실제 실험 시의 브릿지 출력전압으로 유속을 환산하기에 앞서 실험 시의 기압과 온도가 교정 시의 상황과 같아지도록 출력전압을 보정해 주어야 한다. 즉, 출력전압 E'에 다음과 같이 보정계수를 곱하여 보상된 값 E를 사용하여 유속으로 환산하게 된다.

$$E = E' \times \left[\frac{(T_o - T_e)}{(T_o - T_c)}\right]^{\frac{1}{2}} \qquad (1.5)$$

그림 1.4 Calibration results of the I-type hot wire

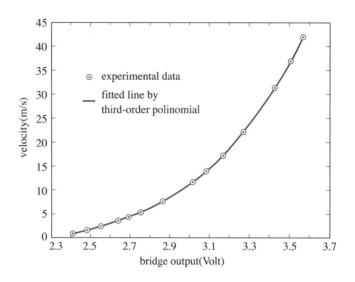

여기서, T_o는 작동온도를 의미하며 I형 열선의 경우 250℃가 된다. 또, T_e는 실험 시의 외기 온도를, T_c는 교정 시의 공기온도를 각각 의미하는데, 교정실험이 표준상태에서 이루어진 것으로 보정되었기 때문에 $T_c = 25℃$이다. 대기압은 교정과 실제 실험에 있어서 큰 차이가 없으므로 1기압으로 간주하고 실험한다.

3 실험장치

1 실험장치의 구성

실험장치의 구성도는 그림 1.5와 같다. 난류제트 발생장치인 풍동의 출구에 열선유속계 및 피토관을 위치시키고, 여기서 측정된 결과들을 처리할 수 있도록 컴퓨터와 연결한다. 실험장치의 구성요소는 다음과 같다.

- 난류제트 발생장치
- 열선유속계(constant temperature wire anemometer)
- 열선프로브(hot-wire probe)
- 피토관
- A/D 변환기
- 개인용 컴퓨터

그림 1.5 **실험장치**

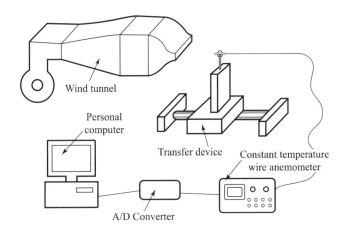

열선유속계를 이용한 제트 유동장의 난류 측정원리는 풍동에서 발생된 난류를 열선을 통해 열선유속계에 아날로그 신호로 전달하고, 이 아날로그 신호를 A/D 변환기를 통해 디지털 신호로 변환하여 개인용 컴퓨터에 저장한다.

4 실험방법

피토관과 열선유속계를 2차원 제트 발생장치(풍동)에 설치하여 난류제트의 특성을 파악한다. 본 실험에서는 정온도방식을 택하였으며, 데이터의 취득시스템은 개인용 컴퓨터를 사용하여 원격제어가 가능하도록 구성하였다.

1 실험순서의 개요

- 피토관의 동작원리를 이해하고 평균유동장을 측정한다.
- 열선유속계의 동작원리를 이해하고 사용법을 익힌다.
- 열선유속계를 사용하여 제트 유동장을 측정한다.
- 획득한 자료를 분석하기 위한 난류신호의 분석기법을 익힌다.
- 피토관과 열선유속계를 통하여 획득한 결과를 비교·분석한다.
- 열선유속계와 피토관을 통하여 획득한 평균 유동분포를 비교·제시한다.
- 제트 유동의 난류강도 분포를 도시하고 그 의미를 이해한다.
- 제트 중심선의 속도분포가 $x^{-0.5}$에 비례하여 감소함을 확인한다.
- 측정된 유동장으로부터 분류반폭을 계산하고 도시한다.

2 난류속도(난류신호)

난류유동은 속도가 시간에 따라 불규칙적으로 급격하게 변하는 유동이다. 그림 1.6은 난류유동에 대한 예를 보인 것으로, 유동장 내의 임의의 위치에서 시간에 따라 측정된 속도 및 압력신호이다.

난류속도 중에서 공학적으로 의미 있는 양으로 사용되는 양은 Reynolds의 시간평균을 한 양이다.

즉, 평균속도는

$$\bar{u} = \frac{1}{T}\int_0^T \bar{u}\,dt \tag{1.6}$$

로 표현하고, 여기서 시간주기 T는 보통 5초 정도이다. 따라서 임의의 시간에서 측정된 속도인 순간속도(instantaneous velocity) u는 평균속도(mean velocity) $\bar{u}$와 난류섭동(fluctuation) u'에 의해 다음 식으로 표현된다.

$$u = \bar{u} + u' \tag{1.7}$$

정의에 의하면

$$\bar{u'} = \frac{1}{T}\int_0^T u'\,dt = 0$$

$$\overline{u'^2} = \frac{1}{T}\int_0^T u'^2\,dt \neq 0 \tag{1.8}$$

이므로, 난류섭동의 정도는 $\sqrt{\overline{u'^2}}\,/\,\bar{u}$인 난류강도로 나타낸다.

그림 1.6 **난류신호**

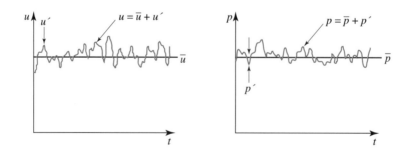

3 열선프로브

열선유속계를 2차원 제트 발생장치에 그림 1.7과 같이 설치한다. 본 실험에서는 정온도방식을 택하였으며, 데이터의 획득시스템은 개인용 컴퓨터를 사용하여 원격제어를 한다.

- 열선프로브의 출력단자를 열선유속계에 연결한다.
- 열선유속계의 출력단자를 오실로스코프 및 A/D 변환기에 연결한다.
- 프로브 지지대에 probe를 설치하여 케이블의 저항을 보상한다.
- Probe를 제거하고 열선을 장착하여 적정 저항값을 설정하고 작동전압을 제공한다.
- 열선프로브를 이송장치에 장착하여 측정지점에 위치시킨다.
- 풍동을 동작시키고 측정을 시작한다.
- x방향의 측정지점은 노즐 출구 지름의 정수배에 근거하여 적절하게 선택한다.
  (ex: $x/d = 1, 2, 4, 6, 8, 10, 15, 20$)
- y방향의 측정지점은 속도구배가 큰 영역에서는 1 mm씩 이송하여 측정하며, 그 이외의 영역에서는 2 mm씩 이송하여 측정한다.
  (주: 열선은 지름이 미소하여 미세한 충격에도 파손될 우려가 있으므로 신중하게 다루어야 한다.)

그림 1.7 열선유속계의 데이터 획득시스템

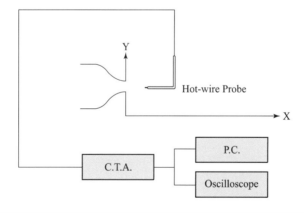

4 피토관

- 피토관의 (+)와 (−) 단자를 마노미터의 (+)와 (−) 단자에 고무관을 연결한다.
- 피토관을 측정지점에 위치한다.
- 풍동을 동작시키고 측정을 시작한다.

5 실험결과 분석 및 고찰

결과 데이터를 표 1.1과 같이 정리한다.

측정된 난류신호는 매우 복잡한 섭동함수이므로 해석적인 분석이 거의 불가능하다. 그러므로 컴퓨터를 사용한 통계처리를 이용하여 데이터를 분석한다.

분석된 결과를 통해서 평균유동장과 난류강도, 난류전단응력 등의 정보를 얻을 수 있다. 또

표 1.1 **실험 데이터 정리**

			$x/d=$		
y좌표[mm]	피토관[m/s]	열선[V]	y좌표[mm]	피토관[m/s]	열선[V]
120			0		
85			-2		
60			-4		
55			-6		
50			-8		
45			-10		
40			-12		
36			-14		
34			-16		
32			-18		
30			-20		
28			-22		
26			-24		
24			-26		
22			-28		
20			-30		
18			-32		
16			-34		
14			-36		
12			-40		
10			-45		
8			-50		
6			-55		
4			-60		
2			-85		
			-120		

한, 이를 토대로 하여 노즐의 출구부분에서의 퍼텐셜코어 영역을 찾을 수 있으며, 유동의 상사성 (self-preservation)을 확인할 수 있을 것이다. 얻어진 유동장에 대한 정보는 그래프 또는 표를 사용하여 알아보기 쉽도록 정리한다.

그림 1.8은 본 실험에서 사용될 풍동에서 I형 열선을 사용하여 측정한 유동장을 그래프로 나타낸 예이다.

그림 1.8 **2차원 제트의 유동장**

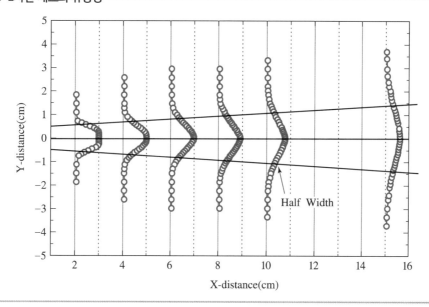

그림 1.9 **I형 열선을 사용하여 측정한 난류신호**

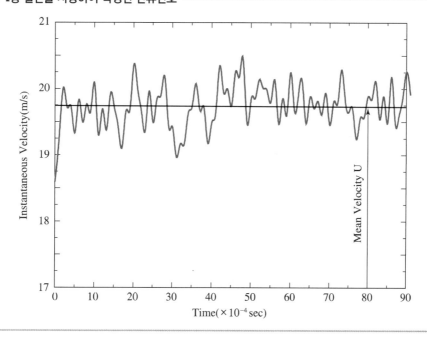

6 보고서 작성

실험보고서는 공학작문에서 학습한 보고서 작성요령을 기초로 하여 창의적이고 개성 있게 작성한다.

1 예비보고서

다음과 같은 내용을 공부하여 요약·정리한다.

- 층류와 난류의 특성파악
- 열선유속계의 동작원리
- 피토관을 이용한 속도표현식
- 2차원 제트유동의 구조

2 결과보고서

결과보고서는 아래 순서에 따라 각 장에 필요한 내용을 충실하고 간명하게 기술한다.

(1) 제목(표지)

(2) 실험목적 및 이론

실험목적과 실험내용 개요를 간명하게 서술한다.

(3) 실험장치 및 방법

실험에 사용되는 실험장치의 구성과 구성요소를 간결하게 소개하고, 실험방법의 핵심적인 내용을 간명하게 기술한다.

(4) 실험결과 분석 및 고찰

① 실험 데이터 및 조건정리

실험에서 측정한 자료와 실험환경을 포함한 실험조건을 모두 기록한다. 이 내용물은 실험활동의 핵심내용을 제시하는 것이 된다.

② 분석, 결과 종합 및 고찰

실험목적과 내용에 따라 실험 측정자료를 분석·종합하고 고찰한 내용을 기술한다. 분석과 종합을 하는 과정에서 측정자료를 곡선적합(curve fitting), 통계처리, 유도식을 이용한 2차 자료 산출 등의 실험 데이터 가공을 하는 경우에는 그 가공과정을 반드시 기술한다. 가능하면 측정,

분석자료를 표나 그림 등으로 분류·정리하여 제시하고, 표와 그림의 의미와 내용을 간명하게 나타내는 적합한 제목을 붙인다.

(5) 결론

실험에 의한 측정자료를 기초로 실험결과를 종합하고, 분석·검토·요약하며, 실험에 기초한 실험자 자신의 핵심(중요)결론을 간명하게 서술한다.

(6) 참고문헌

실험자가 실제 참고한 문헌을 대한기계학회 논문집의 참고문헌 기술양식에 따라서 수록한다.

참고문헌

1. Frank M. White, Fluid Mechanics, McGraw-Hill Book Company, 1986.
2. N. Rajaratnam, Turbulent Jets, Elsevier Scientific Publishing Company, 1976.
3. A. E. Perry, Hot-wire anemometer, Clarendon Press Oxford, 1982.
4. B. R. Munson, D. F. Young and T. H. Okiishi, Fundamentals of Fluid Mechanics, 5th ed., John Wiley & Sons Inc., 2006 또는 윤순현, 김광선, 김병하, 김성훈, 박형구, 주원구 공역, 학술정보, 2006.
5. P. M. Gerhart, R. J. Gross and J. I. Hochstein, Fundamentals of Fluid Mechanics, 2nd ed., Addison-Wesley Publishing Company, 1993 또는 부정숙, 서용권, 송동주, 김경천 공역, 유체역학, 반도출판사, 1996.

열전달 실험

1 전도 열전달 실험

1 실험목적

고체를 통한 열전달은 물질의 특성에 따라 성능이 달라진다. 즉, 같은 크기의 나무막대와 금속막대를 뜨거운 물체에 갖다 대어도 손으로 느껴지는 뜨거운 정도는 다르다. 이는 열을 전달시키는 물체의 능력이 각기 다르기 때문이다. 이러한 능력을 나타낸 지표가 열전도계수(thermal conductivity)이다. 벽돌이나 스티로폼 같이 열전도계수가 작은 물질은 단열재로 쓰이며, 구리나 다이아몬드와 같이 열전도계수가 큰 물질은 열확산체로 사용된다. 열전도계수는 물질의 고유한 특성값으로서, 열전달이 수반하는 기기의 설계 시 중요한 인자이다. 본 실험에서는 열이 1차원 정상상태 조건 하에서 열확산에 의하여 전도 열전달되는 실험과정을 수행하여 전도 열전달 현상을 이해하고, 이 현상을 해석하는 데 가장 중요한 변수인 열전도계수를 이해한다.

2 실험내용 및 이론적 배경

(1) 실험내용

막대 형태의 금속시료를 고온부와 저온부 사이에 설치하여 전도 열전달이 일어나도록 한다. 시료 주위는 단열재로 둘러싸여 있으므로 길이방향으로만 열전도가 일어난다. 이는 1차원 열전도이므로 시료에서의 온도분포를 측정하면 거리에 따른 온도분포가 선형적으로 나타나게 된다. 이 데이터를 이용하여 열전도 방정식을 풀어 열전도계수를 계산한다.

(2) 이론적 배경

1차원 전도 열전달에서 열에너지의 전달방향은 한 방향이며, 이때 온도구배는 단지 하나의 좌표방향으로만 존재하고 열전달은 그(1차원) 방향으로만 일어난다. 공간의 각 점에서 온도분포가 시간에 따라서 변화하지 않고 일정하다면, 그 시스템을 정상상태(steady-state)라 한다.

재료 내부에서 열발생이 없고 일정한 열전도율을 가지는 1차원 정상상태 전도에서 재료 내부의 온도는 열이 전달되는 방향으로 선형적으로 분포한다. 전도에 의하여 전달되는 열량(Q)은 그 물질의 열전달면적(A)에 비례하고 온도차이(ΔT)에 비례하며, 온도차이에 해당하는 거리(Δx)에 반비례한다. 이를 식으로 표현하면 다음과 같다.

$$Q = kA\frac{\Delta T}{\Delta x} \qquad \therefore \ k = \frac{Q/A}{\Delta T/\Delta x} \qquad (2.1)$$

여기서, Q : 공급열량[W] $\qquad$ A : 열전달면적[m^2]

$\qquad\ \ \ T$: 온도[℃] $\qquad\qquad$ x : 전열거리[m]

$\qquad\ \ \ k$: 열전도계수[W/m·K]

3 실험장치

(1) 실험시편

황동봉: 지름 25 mm, 길이 30 mm

열전달면적(A): $A = \dfrac{\pi}{4}\left(\dfrac{25}{1000}\right)^2$ [m^2]

(2) 실험장치

그림 2.1 **전도 열전달 실험장치**

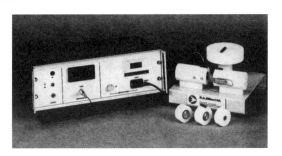

(3) 시편에 설치된 온도측정용 열전대의 위치

그림 2.2 **실험부에 설치된 열전대의 위치**(x_1, x_2, $\cdots$, x_9)

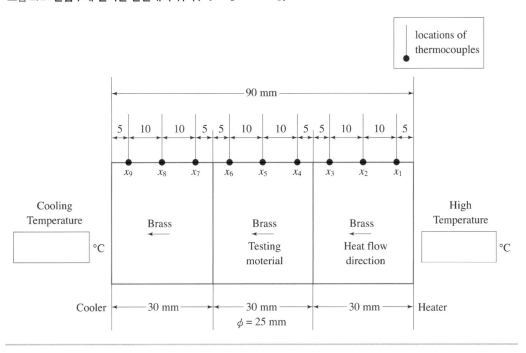

4 실험방법

    1차원 전도 열전달에서 실험시편 및 시편의 좌우 각 점의 온도가 시간에 따라서 변하지 않는 정상상태에 도달하도록 기다려 준비된 후 측정한다.

(1) 냉각수의 유량을 밸브를 조절하여 선택(결정)한 후 정상상태에서 일정한 유량의 냉각수가 유량계를 통과하도록 조정한다.

(2) 전도 실험장치의 열출력 조절장치를 조정(선택)하여 전력계에서 공급열량(전력)을 맞춘 후 계속적으로 일정 열량을 공급하기 위하여 전력계를 관찰 · 조절하여 전력공급이 일정하게 유지되도록 한 정상상태에서 측정한다.

(3) 시편을 포함하여 시험재료 좌우(총 길이 90 mm), 히터 측에서 냉각기 측까지, 10 mm씩 간격으로 설치된 9개의 열전대를 통해서 5분 정도의 간격을 두고 각 지점의 온도를 다시 측정하면서 정상상태 여부를 판정한다. 정상상태에 도달한 후 온도를 측정 · 기록하여 시험 재료의 열전도계수(k)를 평가한다.

■ 실험조건 및 측정값 기록

① 공급열량(Q) :   [Watt]

② 냉각수유량: [liter/min]

표 2.1 시험모델 표면의 온도측정값[℃]

시간 \ 위치		x_1	x_2	x_3	x_4	x_5	x_6	x_7	x_8	x_9
1	5분									
2	10분									
3										
4										
5										
6										
	정상상태									

● 주위 온도: [℃]

● 기타 데이터:

5 실험결과 분석 및 고찰

$$Q/A = \boxed{} \ [\mathrm{W/m^2}]$$

중요한 측정 실험결과(온도분포)를 분석하여 결과를 표로 나타낸다.

그림 2.3 **열전도 실험에서 얻은 온도분포도**

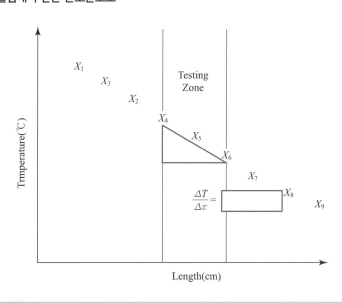

● 시료의 열전도계수:

$$k = \frac{Q/A}{\Delta T/\Delta x} = \boxed{} \ [\mathrm{W/m^2\,^\circ C}]$$

실험자가 측정한 데이터를 기준으로 실험이 전도 열전달 원리에 적합하게 잘 수행되었는지를 판단하여 기술하고, 타당성을 검토하여 실험목적과 '실험자료에 바탕을 둔 객관적인 결론'을 찾아 실험보고자가 직접 기록한다.

2 자연대류와 강제대류 열전달 실험

1 실험목적

대류 열전달은 어떤 물체가 그 자체의 온도보다 높거나 또는 낮은 온도상태에 있는 유체 내에 있을 때 일어날 수 있다. 고체와 유체 사이에 온도의 차이가 있으면 열전달이 일어나게 되고,

물체 표면 근처에 있는 유체는 온도분포가 존재하며, 온도분포에 의한 밀도의 차이를 초래하게 된다. 이 밀도의 차이에 의하여 비중이 큰 유체는 하향(중력방향)으로 흐르는 반면, 비중이 낮은 유체는 상향으로 흐르게 된다. 만약 유체의 운동이 펌프나 팬의 힘에 의하지 않고, 단지 온도 분포에 의한 밀도차이에 의하여 일어날 때 이러한 대류 열전달 현상을 자연대류라고 한다. 또한, 펌프나 팬을 이용하여 유체의 흐름을 강제로 일으키는 조건에서의 열전달 현상을 강제대류라고 한다.

고체 표면과 주위 유체의 온도차이에 의한 대류 열전달 현상에서 자연대류와 강제대류 열전달 의 두 가지 경우에 대하여 대류 열전달계수 값을 실험적인 방법으로 구하고, 실험자료들을 서로 비교하여 자연대류와 강제대류의 대류 열전달 현상을 이해한다.

2 실험내용 및 이론적 배경

(1) 실험내용

일정량의 공기를 흘려보낼 수 있는 풍동에 실내공기를 흘려보내고, 풍동 내부에는 전기로 가 열할 수 있는 판을 설치한다. 판에서 발생한 열은 풍동을 흐르는 공기에 전달되어 공기의 출구온 도를 높이게 된다. 이때 공기의 속도와 온도, 판의 온도를 측정하여 판에서의 대류 열전달계수를 계산한다. 대류 열전달계수는 유체속도에 따라 변하므로 공기의 속도(풍량)를 변화시키며, 실험 을 반복하여 공기속도와 대류 열전달계수 사이의 관계를 함수형태로 표현한다. 또한, 판의 형상 이 변함에 따라 대류 열전달계수도 변하므로 다른 형태의 판을 설치하여 실험을 반복한다.

(2) 이론적 배경

대류 열전달에서 단위시간에 전달되는 열에너지의 양은 다음과 같다.

$$q'' = h\left(T_s - T_a\right) \tag{2.2}$$

여기서, q'': Q/A 단위면적당 단위시간에 공급된 열량[W/m^2]

h : 대류 열전달계수[W/m$^2 \cdot$ K]

T_s : 고체 표면의 온도[℃]

T_a : 유체의 온도[℃]

A : 열전달면적[m^2]

어떤 물체의 표면에서 유체와의 대류 열전달은 열전달면적의 증가로 향상된다. 실제에 있어서 는 공기와 접촉하고 있는 표면에 핀(fin)과 같은 것을 부착하여 열전달면적을 증가시킬 수 있다. 이런 방법을 사용한 예를 보면, 공랭식 엔진의 경우 실린더의 주위와 헤드에 부착된 핀(fin)을 들 수 있다. 열전달면적의 증가에 대한 효과를 조사하기 위하여 같은 공급열량과 공기의 유동조건에서 시험모델을 평판(flat plate), 핀 부착판(finned plate), 그리고 핀 부착판(pinned plate)을 사용할 수 있도록 실험장치가 준비되어 있다.

3 실험장치

그림 2.4 **풍동을 이용한 대류 열전달 실험 개념도**

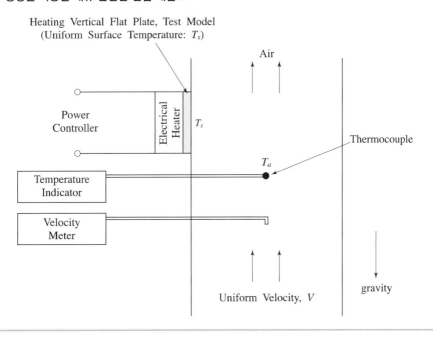

4 실험방법

(1) 시험모델로 수직평판 혹은 핀(fin) 부착판 등(전기로 가열할 수 있는 장치로 되어 있는)을 선택하여 실험장치의 풍동 내부에 위치되도록 설치한다.

(2) 전기히터 출력조절기를 조정하여 히터에 일정한 양의 열량을 공급하고, 공급열량의 값(Q)을 기록한다.

(3) 시험모델 등 온도분포가 정상상태에 도달한 후 시험모델(히터)의 온도(T_s)와 풍동 내부의 공기온도(T_a)를 측정한다.

(4) 풍동 안의 팬을 가동하여 공기의 속도를 변화시켜 일정한 속도에 도달한 후, 정상상태에 도착할 때까지 기다렸다가 강제대류 상태에서 공기의 속도와 시험모델 표면의 온도(T_s)와 풍동 안의 공기의 온도(T_a)를 측정한다.

(5) 시험모델을 핀(fin) 타입과 핀(pin) 타입으로 바꾸어 위의 실험을 반복한다.

그림 2.5 **자연대류 및 강제대류 실험장치**

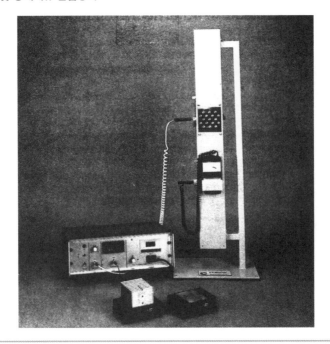

■ 실험조건 및 측정값 기록

  ● 판 형상   : 수직평판

  ● 수직길이   : $L =$ [   ] [m]

  ● 열출력   : $Q =$ [   ] [Watt]

  ● 열전달면적   : $A =$ [   ] [m^2]

  ● 주변 공기온도   : $T_a =$ [   ] [℃]

  ● 공기의 밀도   : $\rho =$ [   ] [kg/m^3]

  ● 공기의 점도   : $\mu =$ [   ] [N · s/m^2]

  ● 공기의 열전도계수 : $k =$ [   ] [W/m · K]

  ● 공기의 팽창계수 : $\beta =$ [   ] [1/K]

표 2.2 공기속력과 표면온도 측정값

Test No.	공기속력, V [m / s]	표면온도, T_s [℃]	$T_s - T_a$ [℃]	Q / A [W/m²]	$\overline{h}$ [W/m² · K]
1	0.0				
2	1.0				
3	2.0				
4	2.5				
5	3.0				

- 판 형상   : 핀(fin) 부착판

- 수직길이   : $L =$ [   ]   [m]

- 열출력   : $Q =$ [   ]   [Watt]

- 열전달면적   : $A =$ [   ]   [m²]

- 주변 공기온도   : $T_a =$ [   ]   [℃]

- 공기의 밀도   : $\rho =$ [   ]   [kg/m³]

- 공기의 점도   : $\mu =$ [   ]   [N · s / m²]

- 공기의 열전도계수   : $k =$ [   ]   [W/m · K]

- 공기의 팽창계수   : $\beta =$ [   ]   [1/K]

표 2.3 공기속력과 표면온도 측정값

Test No.	공기 속력, V [m / s]	표면온도, T_s [℃]	$T_s - T_a$ [℃]	Q / A [W/m²]	$\overline{h}$ [W/m² · K]
1	0.0				
2	1.0				
3	2.0				
4	2.5				
5	3.0				

● 판 형상　　　　　　　: 핀(pin) 부착판

● 수직길이　　　　　　: L = ⬚ [m]

● 열출력　　　　　　　: Q = ⬚ [Watt]

● 열전달면적　　　　　: A = ⬚ [m²]

● 주변 공기온도　　　: T_a = ⬚ [℃]

● 공기의 밀도　　　　: ρ = ⬚ [kg/m³]

● 공기의 점도　　　　: μ = ⬚ [N·s / m²]

● 공기의 열전도계수　: k = ⬚ [W/m·K]

● 공기의 팽창계수　　: β = ⬚ [1/K]

표 2.4 **공기속력과 표면온도 측정값**

Test No.	공기 속력, V [m/s]	표면온도, T_s [℃]	$T_s - T_a$ [℃]	Q/A [W/m²]	$\bar{h}$ [W/m²·K]
1	0.0				
2	1.0				
3	2.0				
4	2.5				
5	3.0				

5 실험결과 분석 및 고찰

실험자료를 기초로 하여 평균 대류 열전달계수(h)를 다음 식으로 계산할 수 있다. 레이놀즈 수(Re_L), 누셀 수(Nu_L), 그라스호프 수(Gr_L) 등 무차원수를 정리하여 다음과 같은 표로 나타 낼 수 있다.

$$h = \frac{Q/A}{T_s - T_a} [\text{W/m}^2 \cdot \text{K}]$$

표 2.5 표 2.2~2.4로부터 계산된 대류 열전달계수

시험모델	공기속력, V [m/s]	Re_L	열전달계수, h [W/m² · K]	Nu_L	Gr_L
평판	0.0 1.0 2.0 3.0				
핀(fin) 부착판	0.0 1.0 2.0 3.0				
핀(pin) 부착판	0.0 1.0 2.0 3.0				

$$P_r = \boxed{} \qquad\qquad L = \boxed{} \ [\text{m}]$$

$$Re_L = \frac{\rho\, V L}{\mu} \qquad\qquad Nu_L = \frac{h\, L}{k}$$

$$Gr_L = \frac{\rho\, \beta\, (T_s - T_\infty)\, L^3}{\nu^2} \qquad\qquad \nu = \frac{\mu}{\rho}$$

중요한 실험결과들을 Nu~Re(혹은 Nu~Gr) 등을 좌표축으로 그래프로 표시한다. 풍속이 0인 경우는 자연대류의 경우이다. 자연대류와 강제대류 열전달계수의 크기를 비교해 본다. 실험 데이터를 이용하여 다음과 같은 실험식의 상수를 결정하고, 표 2.6과 그림 2.6의 자료를 사용하여 자신의 측정결과와 비교 · 검토한다.

$$Nu_L = CRe_L^n \qquad (강제대류의\ 경우)$$
$$Nu_L = A\, Gr_L^m \qquad (자연대류의\ 경우)$$

표 2.6 대류 열전달계수 예

과 정	$h\ (\text{W/m}^2 \cdot \text{K})$
자연대류	
– 기체	2~25
– 액체	50~1,000
강제대류	
– 기체	25~250
– 액체	50~20,000
증발/응축 상변화를 동반한 대류	2,500~100,000

그림 2.6 **대류 열전달 측정값의 무차원 값 표시**

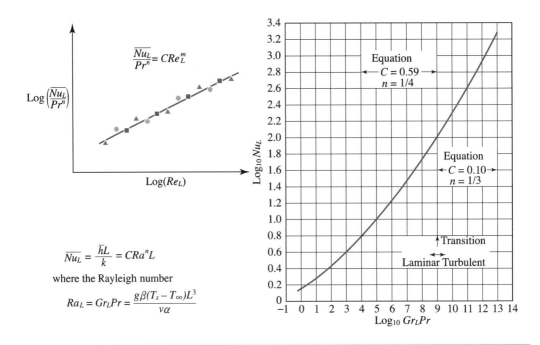

실험자는 다음과 같은 형태의 실험자 자신의 실험식을 제안한다.

$$Nu_L = c\,Re_L^n\,Gr_L^m\,Pr^l$$

개발된 실험식을 문헌의 자료와 비교 · 검토하고 그 결과를 고찰한다.

3 복사 열전달 실험

1 실험목적

매체가 없는 경우, 예를 들어 우주공간과 같이 진공상태인 공간을 통해서도 열전달은 일어난다. 원자들이 가지고 있는 에너지는 전자기파 형태로 방사되는데, 이때 방사되는 전자기파의 파장은 복사체의 온도에 의해서 결정된다. 낮은 온도의 물체는 에너지가 작은 긴 파장의 빛을 복사하고, 고온의 물체는 짧은 파장의 빛을 복사한다. 일상온도에서는 가시광선보다 긴 파장의 적외선을 방출한다. 이처럼 매체를 이용하지 않고 전자기파 형태로 열을 전달시키는 방법이 '복사'이다.

복사 열전달 실험을 통하여 고체 표면에서 열복사에 의한 단위 시간당 복사 열전달량과 열복사물질의 표면온도를 측정하여 복사체 표면의 방사율(emissivity)을 알아본다.

2 실험내용 및 이론적 배경

(1) 실험내용

열원과 복사계가 거리조절이 가능한 레일 위에 설치되어 있다. 열원의 출력을 고정한 후 복사계를 뒤로 이동시키면서 복사계의 측정값을 읽는다. 거리가 멀어질수록 복사계가 받는 복사열량이 감소하게 된다. 이 관계를 그래프로 나타내어 거리와 복사열량과의 관계를 확인한다. 또한, 열원과 복사계 사이에 다양한 금속판을 설치하여 금속판으로부터 복사 열전달량과 표면온도를 측정한다. 이로부터 금속판의 방사율을 계산한다.

(2) 이론적 배경

① 복사강도 역제곱의 법칙

발열체의 표면에서 방사된 열복사의 강도는 거리의 제곱에 반비례한다.

② 흑체복사(Stefan-Boltzmann Law)

$$q'' = \sigma T_s^4$$

여기서, q'' : 표면에서 방사되는 열속[W/m^2]

   σ : Stefan-Boltzmann 상수 $= 5.67 \times 10^{-8}$[W/m$^2 \cdot$ K^4]

   T_s : 복사체 표면의 절대온도[K]

③ 실제의 표면(회체)에서 열복사율

$$q'' = \varepsilon \sigma T_s^4$$

여기서, $\varepsilon =$ 방사율(흑체는 1, 회체는 1 이하임)

④ 복사체 표면과 주위의 단위시간당, 단위면적당 순 복사 열교환율의 측정

$$q''_{net} = \varepsilon \sigma (T_s^4 - T_a^4)$$

여기서, q'' : 5.59×복사계 수치(R)

   T_a : 주변의 절대온도(본 실험에서는 대기의 온도)[K]

3 실험장치

그림 2.7 **복사 열전달 실험장치 사진**

그림 2.8 **복사 열전달 실험장치 개념도**

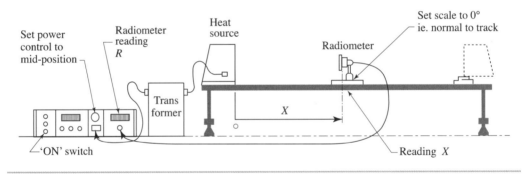

4 실험방법

(1) 복사 열전달 역제곱의 법칙

① 그림 2.8과 같이 실험장치를 구성한다.

② 출력조절기 위치를 6에 고정시킨다.

③ $X=100$ mm부터 $X=700$ mm까지 거리를 100 mm씩 증가시키며 정상상태에서 복사계 수치(R)를 기록한다.

④ 복사계에 감지되는 복사열량을 수치(R)를 기준으로 다음과 같이 계산한다.

$$q'' = 5.59R \ [\text{W/m}^2]$$

⑤ 거리(X)와 복사계에 감지되는 복사열량 q''과의 관계를 선형좌표계와 Log-Log 좌표계를 사용하여 그래프를 작성한다.

(2) 방사율(ε)

① 그림 2.8과 같이 실험장치를 구성한다.

② 복사열원 앞에서 Y만큼 떨어진 거리에 흑색판, 은색판, 광택판 중에서 하나의 금속판을 설치한다.

③ $X = 110\,\mathrm{mm}$, $Y = 50\,\mathrm{mm}$ 위치에 복사계와 금속판을 고정시킨다.

④ 출력조절을 max부터 1까지 감소시키며 정상상태에서 금속판의 표면온도(T_s)와 복사계의 수치(R)를 기록한다.

⑤ 흑체복사의 복사능(emissive power)과 실제 표면(회체)에서 실험한 데이터를 비교하여 실험에 사용된 금속판의 평균방사율을 구한다.

5 실험결과 분석 및 고찰

흑체열복사와 회체열복사 원리를 숙지한 후 데이터 표와 중요한 결과의 그래프로 작성하고, 측정실험을 수행하여 방사율(ε)을 구한다.

표 2.7 **복사측정과 복사체로부터의 열전달률**

	실험번호		1	2	3	4	5	6	7
	기 호	단 위							
거리	X	mm	100	200	300	400	500	600	700
복사계	R	W/m^2							
열전달률	q''	W/m^2							

표 2.8 **흑색판의 방사율 계산을 위한 데이터**

	측정값			계 산	
출력조절	금속판온도 T_s [K]	주위온도 T_a [K]	복사계(R) [W/m^2]	$q'' = 5.59 \times R$ [W/m^2]	$\varepsilon = \dfrac{q''}{\sigma(T_s^4 - T_a^4)}$
max					
6					
5					
4					
3					
2					
1					

표 2.9 **은색판의 방사율 계산을 위한 데이터**

출력조절	측정값			계 산	
	금속판온도 T_s [K]	주위온도 T_a [K]	복사계(R) [W/m²]	$q'' = 5.59 \times R$ [W/m²]	$\varepsilon = \dfrac{q''}{\sigma\left(T_s^4 - T_a^4\right)}$
max					
6					
5					
4					
3					
2					
1					

표 2.10 **광택판의 방사율 계산을 위한 데이터**

출력조절	측정값			계 산	
	금속판온도 T_s [K]	주위온도 T_a [K]	복사계(R) [W/m²]	$q'' = 5.59 \times R$ [W/m²]	$\varepsilon = \dfrac{q''}{\sigma\left(T_s^4 - T_a^4\right)}$
max					
6					
5					
4					
3					
2					
1					

(1) 실험결과를 다른 참고자료의 동일물질(표면)에서 방사율(ε) 값을 찾아 비교·검토한다. 실험 데이터를 통한 결과와 참고문헌 등의 결과가 동일한지를 비교한다. 오차의 원인 등을 객관적인 방법으로 고찰한다.

(2) 방사율(ε)이 큰 경우와 작은 경우의 물질 표면에 관한 자료를 조사하고, 복사체의 표면온도가 복사 열전달에 어떻게 영향을 미치고 있는지를 기술한다.

4 보고서 작성

실험보고서는 공학작문에서 학습한 보고서 작성요령을 기초로 하여 창의적이고 개성 있게 작성한다.

1 예비보고서 작성

다음 내용을 포함하여 열전달 관련 이론을 공부하고 정리한다.

(1) 열전도이론

- Fourier's law와 1차원 열전도 방정식
- 열저항
- 각종 물질의 열전도계수 조사

(2) 대류 열전달 이론

- 대류 열전달 방정식(Newton's law)
- 대류 열전달 관련 무차원수
- 자연대류와 강제대류 상관식 조사

(3) 복사 열전달 이론

- Planck 법칙
- 흑체복사에 대한 Stefan-Boltzmann law
- Emissivity의 의미
- 형상계수

2 결과보고서

결과보고서는 아래 순서에 따라 각 장에 필요한 내용을 충실하고 간명하게 기술한다.

(1) 제목(표지)

(2) 실험목적 및 이론

실험목적과 실험내용 개요를 간명하게 서술한다.

(3) 실험장치 및 방법

실험에 사용되는 실험장치의 구성과 구성요소를 간결하게 소개하고, 실험방법의 핵심적인 내용을 간명하게 기술한다.

(4) 실험결과 분석 및 고찰

① 실험 데이터 및 조건정리

실험에서 측정한 자료와 실험환경을 포함한 실험조건을 모두 기록한다. 이 내용물은 실험활동의 핵심내용을 제시하는 것이 된다.

② 분석, 결과 종합 및 고찰

실험목적과 내용에 따라 실험 측정자료를 분석·종합하고 고찰한 내용을 기술한다. 분석과 종합을 하는 과정에서 측정자료를 곡선적합(curve fitting), 통계처리, 유도식을 이용한 2차 자료 산출 등의 실험 데이터 가공을 하는 경우에는 그 가공과정을 반드시 기술한다. 가능하면 측정, 분석자료를 표나 그림 등으로 분류·정리하여 제시하고, 표와 그림의 의미와 내용을 간명하게 나타내는 적합한 제목을 붙인다.

(5) 결론

실험에 의한 측정자료를 기초로 실험결과를 종합하고, 분석·검토·요약하며, 실험에 기초한 실험자 자신의 핵심(중요)결론을 간명하게 서술한다.

(6) 참고문헌

실험자가 실제 참고한 문헌을 대한기계학회 논문집의 참고문헌 기술양식에 따라서 수록한다.

● 참고문헌

1. Frank P. Incropera, David P. De Witt, Introduction to Heat Transfer, 4th. Ed., Ch. 1, 2, 3, John Wiley & Sons, New York, 1996.

2. Fried, E., Thermal Conduction Contribution to Heat Transfer at Contacts, in R. P. Tye, Ed., Thermal Conductivity, Vol. 2, Academic Press, London , 1969.

3. Schneider, P. J., Conduction Heat Transfer, Addison-Wesley, Reading, MA, 1955.

4. Frank P. Incropera, David P. De Witt, "Introduction to Heat Transfer, 4th ed., Ch. 6, 7, 8, 9, John Wiley & Sons, New York, 1996.

5. Blasius, H., Grenzschicten in Flüssigketen mit kleinen Reibung, Z. Math. Phys., Vol. 56, pp. 1-37; also NACA TM 1256, 1908.

6. Ostrach, S., An Analysis of Laminar Free Convetion Flow and Heat Transfer about a Flat Plate Parallel to the Direction of the Generating Body Force, National Advisory Committee for Aeronautics, TN 2635, 1952.

7. Schlichting, H., Boundary Layer Theory, translated by J. Kestin, 4th ed., McGrawHill, New York, pp. 116-123, 1960.

8. Frank P. Incropera and David P. De Witt, Introduction to Heat Transfer, 4th ed., Ch. 10, John Wiley & Sons, New York, 1996.

9. W. F. Stoecker, Design of Thermal Systems, 3th ed., Ch. 13, McGRAW-HILL, 1989.

10. Frank P. Incropera and David P. De Witt, Introduction to Heat Transfer, 4th ed., Ch. 12, 13, John Wiley & Sons, New York, 1996.

11. Plank, M., The Theory of Heat Radiation, Dover Publications, New York, 1959.

12. Siegal, R., and J. R. Howell, Thermal Radiation Heat Transfer, 2nd ed., McGraw-Hill, New York, 1974.

실험 3

내연기관 성능실험

1 실험목적

내연기관 성능실험은 연구 및 개발뿐만 아니라 교육에 있어서도 아주 중요하다. 내연기관에 있어서의 실험방법은 Greene과 Lucas(1969)가 잘 정리하였으며, 이를 보다 더 발전시키고 현재에 알맞은 표준을 제시하고자 국제적인 자동차 관련 기구인 SAE, DIN, BS 등의 여러 표준기관들이 엔진 시험조건에 대한 일반적인 표준을 제정하려는 노력을 하고 있다.

내연기관의 성능실험은 내연기관의 종류에 따라 여러 가지 방법들이 존재하지만, 일반 자동차 엔진을 대상으로 하는 일반적인 실험방법을 이용하여 본 실험에서는 일반 원동기의 동력측정, 연료소비량의 계측, 회전수, 각부의 온도 및 압력의 측정기술을 습득시킴과 동시에 평균 유효압력, 열효율 등을 계산함으로써 기관성능에 대한 이해를 증진시키고자 한다. 또한, 내연기관 성능평가를 위해 제작된 정적연소기를 통해 내연기관의 성능에 핵심 영향인자인 분무, 연소, 배출물질 특성을 파악하여 내연기관 분무 및 연소 특성을 이해하고 측정기술을 습득시키며, 특히 광학적 온도계측기법인 2색 파이로미터(two-color pyrometer)법을 이용하여 연소가스의 온도를 측정해 연소 내부의 열 – 유동 특성을 파악함과 동시에, 내연기관 성능평가 및 연소실 내부의 연소특성을 분석하고, 계측기술을 동시에 습득하여 내연기관 성능 및 연소에 대한 이해를 증진시키고자 한다.

2 실험내용 및 이론적 배경

1 실험내용

차량용 내연기관 성능실험에서는 엔진을 동력계에 직결하고 각종의 필요한 계측기를 구비하여 규정된 방법에 따라 실험을 행하는 방법과 실차를 대상으로 하는 동력계로 실제 주행과 똑같은 조건 하에서 엔진의 성능과 배기가스의 분석을 행하는 방법 등이 주로 많이 사용되고 있다. 또한, 내연기관 성능에 영향을 미치는 핵심요소인 연소실 내부의 연소 특성에 대한 연구가 내연기관 개발에 앞서 선행적으로 수행되며, 주로 단기통 엔진이나 내연기관 연소실을 모사한 정적연소실을 구성하여 공기유동, 연료 분무 특성, 연소 및 배출가스 특성에 대한 연구를 많이 적용하고 있다. 그리고 연소성 평가에 있어서 연소실 내부 연소가스의 온도를 측정하는 기술이 또 하나의 성능평가 기술로 제시되고 있으며, 대표적으로 광학적 온도계측법인 2색 파이로미터법이 대표적이라 할 수 있다.

본 실험에서는 앞에서 언급한 세 가지 모듈(module)을 가지고 내연기관 성능평가에 대한 실험을 수행하고자 한다. 내용을 다음과 같이 정리하였으며, 아래의 세 가지 내용에 대해 선택적으로 응용실험 실습이 가능하여 내연기관 성능평가를 위한 다양한 기술을 습득하고 익히게 함으로써 내연기관 연소 및 성능평가, 측정기술에 대한 이해의 폭을 넓히고자 한다.

- 동력계(dynamometer)를 이용한 엔진의 성능평가
- 정적연소기를 이용한 분무 및 연소특성 평가
- 2색 파이로미터를 이용한 연소실 가스온도 평가

2 이론적 배경

(1) 동력

기관의 축마력은 토크와 회전수로부터 계산된다. 토크의 측정에는 각종 동력계가 이용되나 측정하고자 하는 기관의 출력과 회전속도의 범위에 적합한 동력계를 선택해야 한다. 본 실험에서는 와전류 타입(eddy current type)의 동력계를 이용한다. 동력계는 엔진 실험장치 중 가장 중요한 부분이다. 제동마력(BHP; Brake Horse Power)을 동력계 중 가장 단순한 형태인 마찰 브레이크형 동력계로 측정할 수 있다.

본 실험에서 사용되는 와전류 동력계는 자기장 안에서 얇은 로터가 돌게 되어 있고, 이 자기장의 자속은 동력계의 축방향에 평행하게 구성된다. 토크반응은 자기장의 강도에 의해 제어될 수 있고 전자재에 적합하다. 에너지는 로터 안의 와전류에 의해 소산되며 로터는 물로 냉각된다.

(2) 회전속도

기관출력축의 회전수를 회전계(encoder)로 측정한다.

(3) 연료소비량

기관이 소비하는 연료의 체적 또는 중량을 측정한다. 체적측정에는 연료측정용 뷰렛과 스톱워치를 이용하여 일정 체적의 연료를 소비하는 시간을 계측하고, 중량측정에는 연료탱크를 저울 또는 천칭 위에 올려놓고서 사용량을 계측한다. 기체연료인 경우는 가스유량계를 사용하여 계측한다. 연료소비율을 소비량과 시간 및 출력으로부터 계산하여 구한다.

(4) 각부의 압력

윤활유 압력, 흡배기 압력 등의 계측에는 버던관 압력계, 진공계, 마노미터 등 적합한 압력계를 선택해서 사용한다. 계측점에 주의하고 그 위치를 잘 선정하여야 한다.

실린더 내 압력측정을 위해서 내연기관에서 일반적으로 사용하는 압력변환기는 압전저항 효과(piezo-resistive effect)를 이용한 압력변환기이다. 압력변환기의 출력 특성은 온도와 무관하여야 하며, 고온고압에 견딜 수 있고 고주파 응답 특성이 좋아야 한다.

각부의 온도, 윤활유, 냉각수, 흡기온도의 측정에는 보통 수은온도계나 열전대 및 저항온도계를 사용하고, 배기가스의 온도 측정은 열전대를 이용하여 측정한다.

(5) 실온, 습도, 대기압 측정

실험에 있어서 주위의 온도, 기관의 복사열, 배기 등의 영향이 없는 곳에서 계측한다. 실온의 측정에는 건습구온도계를 사용하고, 대기압은 기압계를 이용하여 측정한다.

(6) 일

일(work)은 열기관으로부터의 출력값으로, 왕복운동 내연기관의 경우에는 실린더 내의 연소실에서 작동 가스에 의해 발생되는 것을 의미한다. 결과적으로 내연기관에서의 일은 가스의 압력에 의해 피스톤에 가해진 힘으로 나태낼 수 있으며, 다음 식과 같이 정의한다.

$$W = \int F dx = \int P A_P \, dx = \int P dV$$

여기서 P는 연소실 압력, A_P는 압력이 작용하는 면적(피스톤 단면적), x는 피스톤이 움직인 거리를 나타내며, dV는 피스톤에 의해 이동한 거리 동안 체적변화 값을 의미한다.

엔진의 경우 대부분 다수의 실린더로 이루어져 있어 위 식을 단위질량당의 값으로 표현하여 나타내면 엔진을 분석하기에 좀 더 쉽게 접근할 수가 있다. 단위질량당의 비체적으로 표현된 비일(specific work)을 다음과 같이 나타내었다.

$$w = W/m, \quad v = V/m, \quad w = \int P dv$$

그림 3.1에 엔진의 $P-V$ 선도를 나타내었다.

그림 3.1 **SI 엔진의 연소실 내부 $P-V$ 선도** ─────────────────

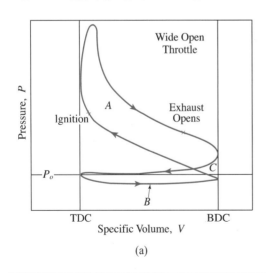
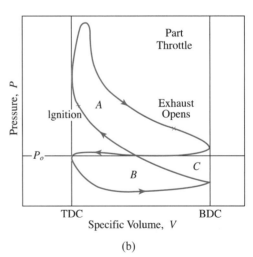

(a)   (b)

(7) 도시평균유효압력(imep; indicated mean effective pressure)

엔진의 $P-V$ 선도 또는 지압선도로 둘러싸인 면적은 가스가 피스톤에 행한 지시일(W_I)이다. 도시평균유효압력($\overline{p_i}$)은 실린더의 크기 및 개수, 그리고 엔진의 속도에 상관없이 단위 행정체적당 도시출력을 나타내는 척도이다.

$$imep = \frac{매회\ 기계적\ 사이클에서\ 실린더당\ 도시출력[N \cdot m]}{실린더당\ 행정체적[m^3]} \tag{3.1}$$

4행정 기관의 흡입과 배기행정 동안 일어나는 음의 일을 펌핑손실이라 하고, 다른 두 행정의 양의 도시일로부터 빼주어야 한다. 펌핑손실 또는 펌핑일은 펌핑평균유효압력(pmep, $\overline{p_p}$)을 정의하는 데 사용되기도 한다.

$$\overline{p_p} = \frac{매회\ 기계적\ 사이클에서\ 실린더당\ 펌핑일[N \cdot m]}{실린더당\ 행정체적[m^3]} \tag{3.2}$$

도시평균유효압력의 정의를 보다 명확히 하기 위해 총도시평균유효압력과 순도시평균유효압력이라는 용어를 사용한다.

$$총도시평균유효압력 = 순도시평균유효압력 + 펌핑평균유효압력 \tag{3.3}$$

(8) 제동평균유효압력(bmep: brake mean effective pressure)

동력계에서 측정되는 엔진의 출력은 도시출력보다 더 중요하다. 따라서 다음과 같은 식으로 제동평균유효압력($\overline{p_b}$)을 정의한다.

$$\overline{p_b} = \frac{매회\ 기계적\ 사이클에서\ 실린더당\ 제동출력[N \cdot m]}{실린더당\ 행정체적[m^3]} \tag{3.4}$$

엔진의 제동동력항으로 표현하면,

$$제동동력 = \overline{p_b}\,LAN' = \overline{p_b}(LAn)N^* = \overline{p_b}\,V_s N^* \tag{3.5}$$

여기서, L: 피스톤행정[m]　　　　　　　　A: 피스톤면적[m^2]

　　　　n: 실린더 수　　　　　　　　　V_s: 엔진 행정체적[m^3]

　　　　N': 초당 기계적 작동 사이클 수

　　　　$N^* = N'/n$

　　　　　　$= rev./s$: 2행정 엔진의 경우

　　　　　　$= \dfrac{rev./s}{2}$: 4행정 엔진의 경우

(9) 기계효율(η_m)과 마찰평균유효압력(fmep; frictional mean effective pressure)

도시일과 제동일 사이의 차이는 마찰과 윤활유펌프와 같이 운전에 필수적인 요소를 구동하는 데 필요한 일로 설명된다. 마찰평균유효압력($\overline{p_f}$)은 도시평균유효압력에서 제동평균유효압력을 뺀 값이다.

$$fmep = imep - bmep \tag{3.6}$$
$$\overline{p_f} = \overline{p_i} - \overline{p_b}$$

기계효율은 다음과 같이 정의된다.

$$\eta_m = \frac{제동출력}{도시출력} = \frac{bmep}{imep}$$

(10) 보정도시마력

국제적인 자동차 관련 기구인 SAE, DIN, BS 등의 여러 표준기관들은 엔진 시험조건에 대한 표준화를 하고 대기조건의 가능범위를 설정한다.

압축착화 기관에서는 과급엔진인가 자연흡입식 엔진인가에 따라 기준조건의 보정방법이 다양하다. 그러나 스파크 점화기 엔진에 있어서의 흡입공기에 대한 보정은 SAE 핸드북에서 다음과 같이 주어진다.

대기조건에서의 시험은 아래 범위에서 수행되어야 한다.

$$95 < p < 101 \ [\text{kN/m}^2]$$
$$15 < T < 43℃$$

이러한 대기조건에 따른 수정은 도시마력에도 적용되어 관찰된 값($\dot{W_i}$)$_o$과 수정된 값($\dot{W_i}$)$_c$ 사이에는 다음의 식이 성립된다.

$$(\dot{W_i})_c = (\dot{W_i})_o \left(\frac{99}{p_d}\right)\sqrt{\left(\frac{T+273}{298}\right)} \tag{3.7}$$

여기서, $p_d = p - p'_{water}$: 건조공기의 분압[kN/m²]

제동마력($\dot{W_b}$)과 마찰마력($\dot{W_t}$) 사이의 관계는

$$\dot{W_i} = \dot{W_b} + \dot{W_t} \tag{3.8}$$

마찰마력을 모를 경우 아래의 식을 이용하여 계산한다.

$$(\dot{W_b})_c = (\dot{W_b})_o \left[1.18\left(\frac{99}{p_d}\right)\sqrt{\left(\frac{T+273}{298}\right)} - 0.18\right] \tag{3.9}$$

(11) 정적연소기 분무 특성 평가

연료노즐의 분무 특성을 평가하기 위해 CCD 카메라를 이용하여 분무에 따른 이미지를 취득한 후 이미지상의 픽셀(pixel) 정보를 분석하여 분무 관통길이, 분무각, 무화정도의 특성을 평가한다. 분무 특성은 연료관 압력조건과 분무 분위기 압력조건을 변화해 가며 수행하고, 분무 분위기 온도조건을 변화시켜가며, 분무 특성을 비교·평가하여 운전 특성에 따른 결과를 비교·분석한다. 또한, 연료의 물성치가 변화함에 따른 분무각, 관통길이, 무화정도를 평가하게 된다.

(12) 정적연소기 연소 특성 평가

정적연소기에서 분무된 연료의 연소 특성을 평가하기 위해 ICCD 카메라와 연소 특성을 이미지화하여 나타내는 OH*, CH*, C_2* 필터를 이용하여 화염면의 발달과정 및 연료-공기의 혼합에 따른 연소 특성, 국부적인 당량비를 결정하고, 화염의 형상에 대한 특성을 평가하며 주어진 조건에 따른 연소 후의 배기 배출물질을 가스분석기로 분석함으로써 각 운전조건에 따른 CO, NOx, HC, excess air ratio, CO_2 등 배출물질의 평가를 통해 연소 특성을 평가하게 된다.

아래 식은 라디칼 필터를 통해 얻은 이미지의 강도비와 당량비의 관계를 나타낸 것이다.

$$\Phi = \frac{CH^*}{OH^*} \tag{3.10}$$

(13) 2색 파이로미터

2색 파이로미터는 비접촉식 광학적 온도측정 방법으로, 화염의 온도를 측정하기 위해 다양하게 적용되는 계측방법이다. 기본적으로 화염에서 방출되는 방사에너지에 의한 광원을 서로 다른 두 개의 파장에 대해 광대역 필터를 통해 선택적으로 받아들이게 된다. 이때 두 파장에서 검출된 광강도(I)가 서로 차이를 나타내게 되는데, 이 차이는 각 파장을 가지는 고유의 색들이 나타내는 값을 온도에 따라 일정한 값을 갖는다. 이것을 이론적으로 계산하여 두 파장의 강도를 비교함으로써 화염의 온도를 계측할 수 있게 된다. 아래 식은 취득한 두 파장의 강도를 이용하여 화염의 온도를 나타낸 식이다.

$$T = \frac{c_2(\lambda_1 - \lambda_2)}{\lambda_1 \lambda_2}\left[\ln\frac{I_1\varepsilon_2}{I_2\varepsilon_1} - \ln K\right] \tag{3.11}$$

$$\ln K = \frac{c_2(\lambda_1 - \lambda_2)}{T_{cal}\lambda_1\lambda_2} + \ln\frac{I_1\varepsilon_2}{I_2\varepsilon_1} \tag{3.12}$$

여기서 T는 화염의 온도, c_2는 2차 열복사상수, λ는 파장길이, K는 교정상수, T_{cal}은 교정램프의 온도를 각각 나타낸 것이다.

광학적 장치들은 각각 특성들이 틀리게 구성되어 있으므로, 2색 파이로미터를 이용하여 온도를 결정하기 위해서는 반드시 알고 있는 온도의 광원을 이용하여 측정할 장비에 대한 교정값을 결정해야 한다.

이렇게 결정한 교정값과 위의 관계식을 통해 알고자 하는 화염에서의 온도를 측정된 서로 다른 두 파장의 광강도비를 측정함으로써 화염온도를 결정하게 된다.

3 실험장치

1 동력계를 이용한 엔진 성능평가

본 실험에 사용되는 동력계는 와전류 타입으로, 실험용 엔진은 동력계와 직결된 상태로 엔진의 회전수나 부하를 변화시켜 설정된 실험조건으로 실험을 행한다. 본 실험에서 사용되는 실험장치의 장치도를 그림 3.2에 나타내었다.

그림 3.2 **엔진성능 실험장치도**

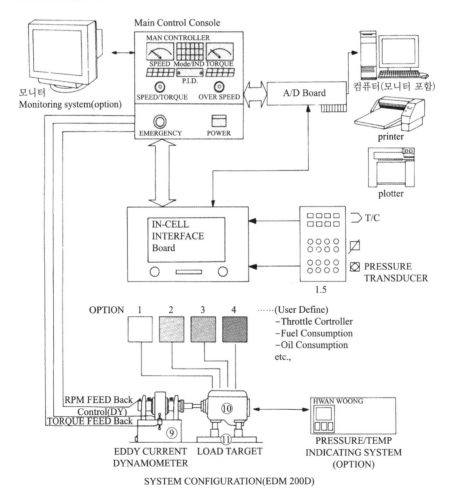

SYSTEM CONFIGURATION(EDM 200D)

2 정적연소기를 이용한 분무 및 연소 특성 평가

본 실험에 사용되는 정적 스프레이 가시화 챔버에서 계측이 가능한 데이터는 관통거리, 액적 크기, 착화지연, 분무각 등 다양하다. 실험장비의 개략도를 그림 3.3에 나타내었다. 메인챔버 장비는 크게 가시화 챔버, 고속 밸브, 히터를 포함하고, 계측장비의 배치와 안전을 위해서 방진 테이블에 설치된다. 가시화 챔버 상부에는 분위기 압력과 온도를 측정할 수 있는 압력센서와 온도 센서가 설치된다.

그림 3.3 **정적연소기 실험장치도**

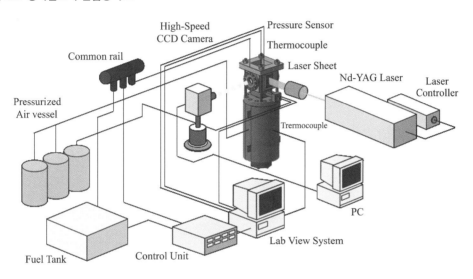

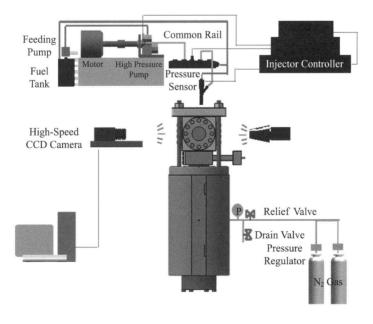

3 2색 파이로미터를 이용한 연소실 가스온도 평가

본 실험에 사용된 2색 파이로미터의 개략도를 그림 3.4에 나타내었다. 연소기를 중심으로 좌측에는 교정용 램프를 설치하여 파이로미터의 교정상수를 결정하며, 이는 교정곡선을 얻기 위해 설치된 장치이다. 우측에는 2색 파이로미터의 구성을 나타낸 것으로, 화염에서 발생하는 신호를 취득하기 위해 초점렌즈를 구성하여 측정지점을 결정하고 획득한 신호를 빔스플리터(beam splitter)로 공급한다. 이러한 신호는 서로 다른 파장의 신호를 검출하기 위한 광대역 필터를 통과시키게 되고 필터를 통과한 신호는 광증폭기(PMT; Photo-Multiplier Tube)를 통해 신호를 증폭하며, PC로 신호를 받아 분석하여 온도를 계측하게 된다. 화염에서 발생하는 신호를 정확하게 계측하기 위해 트리거(trigger)용 PMT를 설치하여 신호가 발생될 때의 온도신호를 읽을 수 있도록 구성하였다.

그림 3.4 **2색 파이로미터 시스템 개략도**

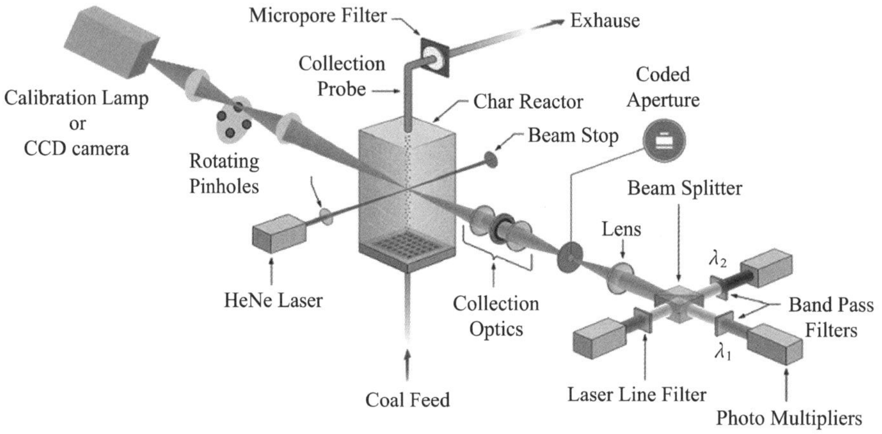

4 실험방법

1 동력계를 이용한 엔진 성능평가

(1) 조작방법

① 동력계의 조작

동력계 냉각용 냉각수 순환 밸브를 조작하여 동력계에 냉각수가 순환되도록 하고 냉각수의 순환상태를 확인한다.

② 엔진 및 엔진 주변장치 확인

- 엔진의 연료상태를 확인한다.
- 엔진에 냉각시스템이 설정되어 있을 경우, 냉각탱크에 부착되어 있는 냉각수 순환용 밸브를 조작하여 엔진냉각수 지시계로 설정한 온도가 되었을 때 냉각수가 자동으로 순환되도록 한다.
- 엔진의 스로틀이 아이들 상태가 되도록 한다.
- 엔진 압력센서가 설정되어 있을 경우, 압력센서 냉각용 냉각수 밸브를 조작하여 냉각수의 순환상태를 확인한다.
- 엔진이 정상적인 상태로 되어 있는가를 확인한다.

③ 전원/냉각수/GREASE 주입시간 등을 확인

④ 동력계 제어기 작동

- 동력계 제어기에 전원을 10분 전에 입력하여 안정된 후에 실험이 되도록 한다.
- 동력계 제어기에 전원을 입력한다.
- 동력계 본체 및 제어기가 정상적인 상태로 되어 있는가를 확인한다.
  - "SPEED METER"의 DISPLAY는 "0 0 0 0"으로 표시
  - "TORQUE METER"의 DISPLAY는 "0 0 . 0 0"으로 표시
    (TORQUE METER는 약간의 편차가 발생할 수 있음)

(2) 동작

① 각종 설정기의 설정상태를 확인

② 메인제어기 제어모드를 실험에 적합한 모드로 선택하여 설정

- "M/n/Md-const 제어 MODE"를 선택하였을 때는 "SPEED/TORQUE" 설정기의 손잡이(knob)를 반시계방향으로 회전하여 최소(0) 위치가 되도록 한다.
- "n-const MODE"를 선택하였을 때는 "SPEDD/TORQUE" 설정기의 손잡이(knob)를 시계방향으로 회전하여 최대(10.0) 위치가 되도록 한다.

③ 제어모드 설정은 반드시 엔진을 정지하고 설정

④ 엔진의 시동은 그림 3.5의 FLOW-CHART에 따라 실행

- 엔진을 시동하기 전에 실험엔진의 최고 회전속도를 "OVER SPEED" 설정기로 설정한다.
- 일반적으로 승용차용 가솔린엔진의 경우에는 "6,000 RPM"(설정치의 눈금; 60.0) 정도로 설정한다.

⑤ 시험엔진의 시동키(key)를 시동하여 엔진이 동작하도록 한다.

- 엔진을 약 5분에서 10분 정도 WARMING-UP하여 엔진이 안정되면 그림 3.6의 FLOW-CHART와 같이 실행한다.

- "M/n/Md-const 제어 MODE"로 설정하였을 때는 "SPEED/TORQUE" 설정기를 시계방향으로 회전하면 동력계에 부하가 발생되며, 설정된 제어 특성으로 동력계를 제어한다.
  - "SPEED/TORQUE" 설정기의 가변손잡이(knob)의 회전속도에 비례하여 동력계의 부하가 발생
- "n-const MODE"로 설정하였을 때는 "SPEED/TORQUE" 설정기를 반시계방향으로 회전하면 동력계에 부하가 발생되며, 설정된 제어 특성으로 동력계를 제어한다.
  - "SPEED/TORQUE" 설정기의 가변손잡이(knob)의 회전속도에 비례하여 동력계의 부하가 발생

그림 3.5 **엔진 시동 FLOW-CHART**

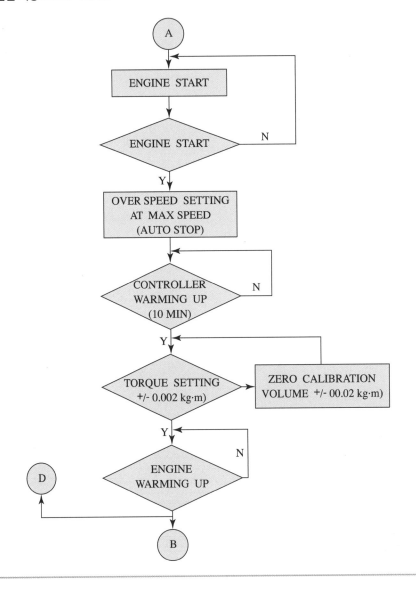

그림 3.6 **엔진 테스트 흐름도**

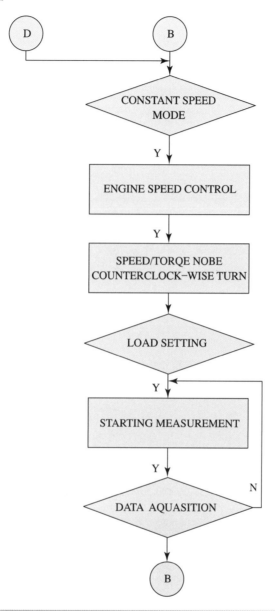

(3) 실험방법

① 전부하(full load) 실험

가솔린 기관에서는 스로틀밸브를 전개(全開)한 상태(WOT; Wide Open Throttle)이고, 디젤 기관에서는 연료분사량을 최대로 한 상태에서 출력을 구하는 실험법이다.

② 부분부하(partial load) 실험

- 토크법: 전부하 토크 또는 축출력에 대해 75, 50 및 25%의 토크 또는 축출력을 내도록 스로틀밸브 혹은 연료분사량을 조절하여 연료분사량을 계측한다.
- 흡기압력 일정법: 흡기압력을 적절하게 분할하여 이것이 일정 값으로 유지되도록 스로틀 밸브를 조절하여 출력 성능을 측정한다.
- 스로틀밸브 개도 일정법: 스로틀밸브를 일정하게 연 상태에서 출력 성능을 측정한다.
- 연료분사량 일정법: 디젤기관에서 연료분사량을 일정하게 한 상태에서 출력 성능을 측정한다.

이상과 같은 실험방법을 적절히 혼용하여 내연기관 성능실험을 수행한다.

2 정적연소기를 이용한 분무 및 연소 특성 평가

(1) 분무 노즐팁 특성

① 코먼 레일 분사기(common rail injector)

정적연소 실험에서 사용될 인젝터는 Bosch사의 2세대 상용 인젝터로, 1,600 bar까지 분사가 가능하다. 인젝터의 노즐 형태는 6분공홀, Mini-sac 타입으로, 실험에서는 분무의 정확한 계측을 위해서 5분공을 막고 1개에서만 분사시킬 예정이다. 노즐홀의 지름은 $d_o = 0.163$ mm로 다소 작은 사이즈이다.

초기 실험변수로는 레일의 압력, 연소실 내의 온도를 변화시켜가며 실험을 수행해 나갈 것이다. 자세한 실험조건과 노즐의 사양은 표 3.1에 제시하였다.

표 3.1 **분무실험 조건**

Fuel	Light Oil
Chamber Pressure(bar)	40
Rail Pressure(bar)	900, 1100, 1300, 1500
Chamber Temperature(K)	300, 500, 800
Nozzle Type	Mini-sac
Nozzle Hole(mm)	$d_o = 0.163$, $l/d = 5.52$

② 기계식 인젝터

본 실험에서는 코먼 레일 분사기(common rail injector)뿐만 아니라 기존 엔진에 사용되고 있는 기계식 인젝터를 챔버에 마운트할 수 있도록 준비하였다. 실험을 위해서 단공홀 인젝터팁을 적용하였다. 단공홀 인젝터에서 적용할 파라미터는 노즐홀 지름, Sac 체적을 변화시키도록 한다.

③ 노즐 지름

노즐의 지름은 스프레이 콘(spray cone)의 관통거리와 분무각에 영향을 미치고 결과적으로 배출가스에 영향을 미치게 되므로, 중요한 설계변수라고 할 수 있기 때문에 실험변수로 선정하게 되었다. 실험에 적용된 노즐홀의 지름은 일반적으로 디젤기관에 적용되는 범위로 0.1~0.4 mm 범위에서 실험을 수행하도록 하였고, 이는 성능을 평가하기에 적절하다고 할 수 있다.

④ Sac 체적

Sac 노즐 타입 인젝터는 다공홀의 각각 홀 간에 균일한 분사가 가능한 반면 Sac 내에 잔존하는 연료로 인해 매연(soot)의 배출량이 많아진다고 하였다. 반면에 VCO(Valve Covered Orifice) 타입의 인젝터는 니들의 리프트가 작을 때 홀 간에 연료가 불균일하게 공급되는 단점이 있지만 잔존연료가 적어서 매연배출이 적다고 하였다. 그러므로 노즐 팁의 Sac 체적은 디젤엔진의 중요한 설계변수이고, 이를 데이터베이스화할 필요성에 의해서 실험변수로 선정하게 되었다. 엔진의 Sac 체적은 0.5~10 mm^3 범위에서 실험을 수행하도록 한다.

(2) 분무(spray) 가시화

액상의 연료를 가시화하기 위해서는 그림 3.7에 보이는 바와 같이 레이저를 이용할 광계측을 적용하도록 한다. 연료 스프레이 지역에 레이저 시트를 통과시키면 액적은 레이저광을 산란시키게 되며, 연료 액적에 의해서 산란된 고속 CCD 카메라를 이용하여 촬영한다. CCD 카메라로부터 얻은 이미지를 소프트웨어적인 후처리를 거치면 개개의 액적 데이터뿐만 아니라 SMD 데이터로 처리도 가능하게 된다.

그림 3.7 **분무 가시화 시스템 개략도**

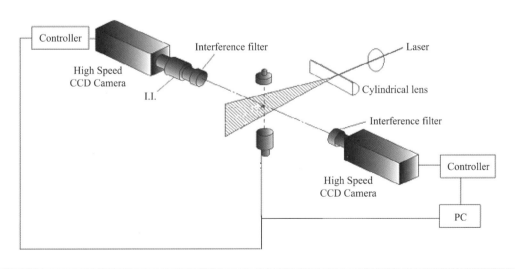

(3) 연소 특성 1 - 연료 착화(ignition delay) 특성

디젤엔진에서 연료의 착화 특성은 엔진의 분사 타이밍에 큰 영향을 미친다. 정확한 연소 착화 시점을 얻기 위해서는 공기/연료비, 온도, 압력별로 착화 특성을 고속 디지털카메라로 관찰하여야 한다. 그림 3.8은 정적연소기에서 착화 특성을 디지털카메라로 가시화한 예이다. 그림에서 보는 것과 같이 디젤 연료의 착화 특성을 엔진 실린더 내 기체 분위기 특성별로 관찰하기 위해서는, 실험장치도에서 언급한 분사시스템과 카메라를 정확히 제어할 수 있는 컨터롤러를 사용하여 실험해야 한다.

(4) 연소 특성 2 - 열발생률(heat release rate)

착화 이후 연소에서 열발생률은 엔진의 출력과 배기가스 생성에 극심한 영향을 주게 된다. 엔진 출력과 배기가스 배출량을 예상하기 위해서 열발생률을 반드시 계측하여야 한다. 압력센터를

그림 3.8 **열발생률 특성 예**

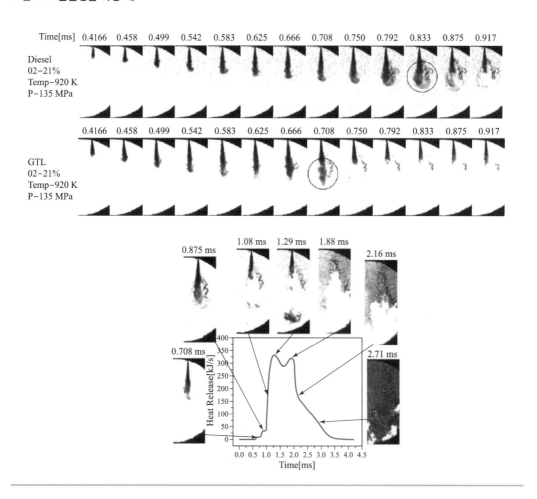

이용하여 아래 수식에 의해 착화 이후에 정적연소기의 열발생률을 계측한다.

$$\frac{dq}{dt} = \frac{\gamma}{\gamma - 1} p \frac{dV}{dt} + \frac{1}{\gamma - 1} V \frac{dp}{dt} \tag{3.13}$$

3 2색 파이로미터를 통한 연소실 가스온도 평가

(1) 2색 파이로미터 교정

앞에서도 언급한 것과 같이 2색 파이로미터의 경우는 반드시 교정을 거쳐야만 하는 특징을 가지고 있다. 적용되는 광학(optics) 특성에 의해 측정되는 광 강도가 틀리기 때문에 적용되는 광학에 따른 교정곡선을 얻는 것이 무엇보다 중요하다.

교정곡선을 얻기 위해서 우선적으로 필요한 것은 온도를 이미 알고 있는 발열체가 필요하다. 대표적으로 적용되고 있는 것이 텅스텐 리본 램프이다. 텅스텐 리본 램프는 주어진 전압상태에서 램프에 가해지는 전류의 강도에 따라 밝기가 정해져 있다. 밝기뿐만 아니라 이러한 상태에서 램프 표면에서의 온도도 결정된다. 즉, 이러한 상태의 램프에서 발생된 복사광은 정해진 온도에서 복사되는 것으로, 온도에 따라 복사광의 강도가 변하게 된다. 이 원리를 이용하여 교정용 램프에 전류 값을 가변시켜 그때마다의 파이로미터에서 기록되는 서로 다른 두 파장대의 광 강도를 측정하고 통계적으로 처리함에 따라 주어진 온도에서의 두 파장대의 광 강도비에 대한 교정곡선을 얻게 된다. 이는 실험을 통해 얻게 될 연소상태에서의 서로 다른 두 파장의 광 강도비로 연소가스의 온도를 결정할 수 있게 해준다. 실험장치에 대한 자세한 사항은 그림 3.4를 참고하면 된다.

(2) 온도측정

연소 시 화염에서의 온도를 계측하기 위해 2색 파이로미터가 적용되었다. 앞에서 구한 교정곡선을 이용해 실험을 통해 얻어진 서로 다른 두 파장의 광 강도비를 결정하여 온도를 취득할 수 있다.

① 층류화염에서의 온도계측

우선 가장 일반적으로 잘 알려진 메탄 층류확산화염에서의 화염 표면온도를 결정하도록 하자. 평균온도 1,800K로 많은 연구에 의해 온도에 대한 값들이 많이 제시되어 있어 측정에 대한 경험을 쌓기에 충분하다. 화염의 온도를 측정하기 위해 우선 화염의 높이와 반지름을 ICCD 카메라를 이용해 분석해 두고, 화염의 온도를 측정할 위치를 결정한다. 위치를 결정한 다음 초점렌즈를 이용하여 측정지점에 정렬하고 PMT 또한 초점렌즈에 맞게 정렬한다. 화염을 형성시키고 그 지점에서의 서로 다른 두 파장의 광 강도를 측정하여 비를 결정한 후 교정곡선과 비교하여 온도를 결정한다.

② 정적연소기 내의 화염온도 계측

정적연소기에서의 화염온도 계측은 층류확산화염에서 다소 차이를 갖는다. 층류확산화염의 경우는 시간에 따른 변화가 없기 때문에 신호를 받아들이기만 하면 되지만, 정적연소기에서의 분무에 의한 연소가스 온도계측에서는 신호를 검출할 시기를 결정하는 것이 중요하다. 따라서 측정장비는 반드시 분무 개시신호와 동기시키는 것이 우선되어야 한다. 이렇게 개시신호와 동기된 측정장비는 분무가 개시되면 서로 다른 두 파장의 광 강도를 측정지점에서 취득하게 되고, 이 취득된 광 강도의 비를 결정하여 교정곡선과 비교하여 온도를 결정한다.

나머지의 과정은 앞의 경우와 동일하다.

5 실험결과 분석 및 고찰

1 실험결과 종합

(1) 동력계를 이용한 엔진의 성능평가

① 엔진 성능실험으로부터 나온 결과를 이용하여 P-V 선도와 그림 3.9와 같은 예시의 엔진 성능곡선을 작성

② 연소속도 해석

스파크 점화 엔진에서의 연소자료로부터 질량연소분율(mfb; mass fraction burnt)을 계산하는 데 적용된다. 가장 많이 쓰이는 기법은 Rassweiler와 Withrow(1938)3)에 의해 고안된 것이다. 연소가 시작된 후 크랭크각 간격 $\Delta\theta$ 동안의 압력상승 Δp 는 두 부분으로 나뉘는데, 하나는 연소에 의한 압력상승(Δp_c)이고 나머지는 체적변화에 따른 압력변화(Δp_v)이다.

$$\Delta p = \Delta p_c + \Delta p_v \tag{3.14}$$

크랭크각 θ_i 가 다음 단계 θ_{i+1} 로 증가하는 동안 체적은 V_i 에서 V_{i+1} 로, 압력은 p_i 에서 p_{i+1} 로 증가한다고 하자. 체적변화에 대한 압력변화는 지수 k 를 갖는 폴리트로픽 과정으로 가정하여 표현할 수 있다. 이에 따라 아래 식의 Δp_v 를 치환하면

$$p_{i+1} - p_i = \Delta p_c + p_i \left[\left(\frac{V_i}{V_{i+1}} \right)^k - 1 \right] \tag{3.15}$$

로 Δp_c 는 다음과 같이 표현된다.

$$\Delta p_c = p_{i+1} - p_i (V_i / V_{i+1})^k \tag{3.16}$$

연소과정이 정적상태에서 일어나지 않기 때문에 연소에 의한 압력상승은 연료의 질량연소율에 비례하지 않는다. 연소에 의한 압력상승은 상사점의 연소실 체적 V_c 와 같은 기준체적에 대하여 표준압력 상승으로서 비교되어야 한다.

$$\Delta p_c^* = \Delta p_c \; V_i \; / \; V_c \qquad\qquad (3.17)$$

연소종료가 N번의 증분 후에 일어난다면, 이때 연소에 의한 압력상승은 0이 된다. 연소에 의한 표준압력 상승이 질량연소분율(mfb)에 비례한다고 가정하면,

$$\mathrm{mfb} = \sum_0^i \Delta p_c^* \; / \; \sum_0^N \Delta p_c^* \qquad\qquad (3.18)$$

연소에 의한 표준압력 상승의 총량과 질량연소율은 그림 3.10과 같이 나타낼 수 있다. 피스톤이 상사점 근방에 있을 때 체적변화가 작기 때문에 상사점 위치의 작은 오차가 질량연소율의 계산에 미치는 영향은 거의 없다. 그러나 폴리트로픽 지수를 정하고 연소기간 중에는 이 두 값의 평균을 이용하였다. 팽창과정 동안에는 압축과정 때보다 폴리트로픽 지수가 작아지므로 연소 후의 표준압력과 질량연소분율의 값이 떨어진다. 이러한 것이 나타나는 것은 열전달과 연소생성물의 영향 때문이다.

그림 3.9 **엔진 성능곡선 예시**

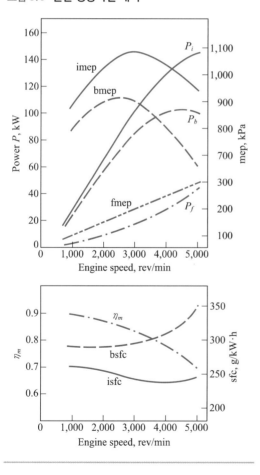

그림 3.10 **질량연소율 곡선 예시**

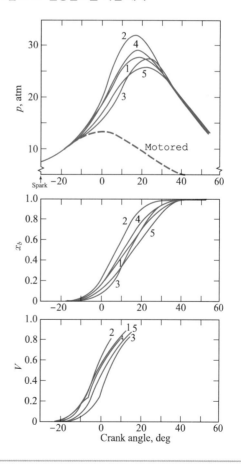

압축과정 때에는 스파크 점화 엔진에서 폴리트로픽 지수는 1.2~1.3 사이의 값으로 사용자가 알맞은 값을 정하거나 점화 전의 압축기간 중 폴리트로픽 지수는 계산을 통해 얻기도 한다. 압력과 체적의 로그값에 대해 최소제곱(least squares) 직선을 그어 지수를 구할 수 있으나 다음의 점들을 유의해야 한다.

- 압력측정값은 오차를 가질 수 있다.
- 압축 초기에는 압력상승분이 작아 A/D 변환의 오차가 클 수 있다.

압축 초기를 무시하면 이 영향은 최소화할 수 있는데, 예를 들면 흡기밸브 닫힘과 점화시기 사이의 중간값으로 점화 전 폴리트로픽 지수를 계산할 수 있다.

Rassweiler와 Withrow 방법에서는 여러 가지 가정을 사용하고 있다. 연소에 의한 표준압력 상승은 매 증분마다 질량연소분율에 비례한다. 폴리트로픽 지수는 기체의 비열비와 다르므로 열전달, 해리, 가스조성 변화에 대한 고려가 없다. 이러한 단점을 살펴보기 위해 Stone, C. R.과 Green-Armytage(1987)는 열역학적 해석을 통해 Rassweiler와 Withrow 방법의 결과와 비교하였는데 거의 비슷한 값을 보였다. 이것은 연소기간 동안 기연가스의 온도가 거의 일정하게 유지되어 해리와 열전달의 영향이 연소 전 기간을 통해 거의 일정하게 나타나기 때문인 것으로 보인다.

Rassweiler와 Withrow 방법은 계산이 간단하여 연소의 사이클 변동을 해석할 때 많이 쓰인다.

③ 열방출 해석

열방출 해석은 주로 디젤엔진에 적용되지만 스파크 점화 엔진에도 적용할 수 있다. 이 해석법은 측정된 압력으로부터 실린더 내로 열이 얼마나 방출되는지 계산한다. 이 계산과정에서 연소반응물과 생성물이 완전히 혼합되어 있다고 가정한다.

질량이동이 없는 검사체적에 대해 열역학 제1법칙을 적용하면 연소에 의해 방출되는 열 (δQ_{hr})은

$$\delta Q_{hr} = dU + \delta W + \delta Q_{ht} \tag{3.19}$$

여기서, δQ_{ht}: 연소실 벽으로의 열전달

위의 식은 연소반응물과 생성물의 구분없이 균일한 온도를 유지한다고 가정하고 있다. 위 식의 각 항을 살펴보면,

$$dU = mc_v dT \tag{3.20}$$

상태방정식($pV = mRT$)으로부터

$$mdT = \frac{1}{R}(pdV + Vdp) \tag{3.21}$$

식 (3.16)을 식 (3.17)에 대입하면

$$dU = \frac{c_v}{R}(pdV + Vdp) \tag{3.22}$$

그림 3.11 **열발생률 곡선 예시**

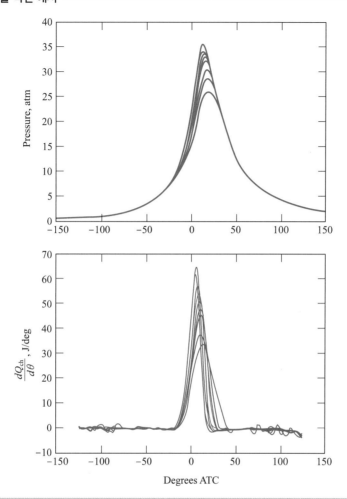

식 (3.18)을 식 (3.15)에 대입하면 $\delta W = pdV$ 이며, 이것을 크랭크각의 증가에 대하여 미분꼴로 나타내면

$$\frac{dQ_{hr}}{d\theta} = \frac{c_v}{R}\left(p\frac{dV}{d\theta}\right) + p\frac{dV}{d\theta} + \frac{dQ_{ht}}{d\theta} \qquad (3.23)$$

$dV/d\theta$ 는 엔진의 기하학적 자료에서 정의되며 $dp/d\theta$ 는 엔진실험에서 얻는다.

그러나 c_v 와 R 은 온도의 함수이므로 열전달은 바로 계산되지 않는다. 준완전기체 가정 $(c_p/c_v = \gamma,\ R = c_p - c_v)$을 적용하면 식 (3.19)는 아래의 식으로 된다.

$$\frac{dQ_{hr}}{d\theta} - \frac{dQ_{ht}}{d\theta} = \frac{1}{\gamma - 1}\left(p\frac{dV}{d\theta} + V\frac{dp}{d\theta}\right) + p\frac{dV}{d\theta} \qquad (3.24)$$

$$\frac{dQ_n}{d\theta} = \frac{\gamma}{\gamma - 1}p\frac{dV}{d\theta} + \frac{1}{\gamma - 1}V\frac{dp}{d\theta}$$

여기서 $\dfrac{dQ_n}{d\theta}$ 은 순열방출량이다. 질량이 일정하므로 압력과 체적을 알면 상태방정식으로부터 기체의 온도가 계산된다. 기체의 성질이 온도에 따라 달라지지만 이 값의 변화가 크지 않기 때문에 각 증분에 따른 기체상태량을 그대로 사용할 수 있다. 이렇게 하여 u, R 을 구하여 γ를 구할 수 있다. 기체온도가 계산되면 벽면온도를 가정하고 열전달 관계식을 사용하여 열전달량을 계산할 수 있다. 그림 3.11에 열발생률 곡선의 예를 보였다.

(2) 정적연소기를 이용한 분무 및 연소 특성평가

① 분무 가시화 특성분석

분무 가시화를 통해 주어진 실험조건(분사시기, 압력과 온도) 하에서 분무각, 분무 관통거리, 무화특성을 분석하여 조건에 따른 특성분석을 수행한다.

그림 3.12 **분무 가시화 예시**

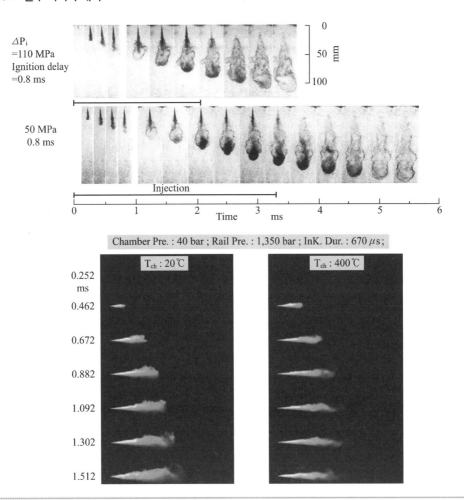

② 정적연소기 연소 및 배출가스 특성 평가

그림 3.13 **정적연소기 연소 배출물질 특성 평가 예시**

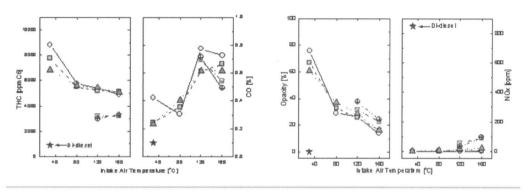

그림 3.14 **정적연소기 연소 특성 예시**

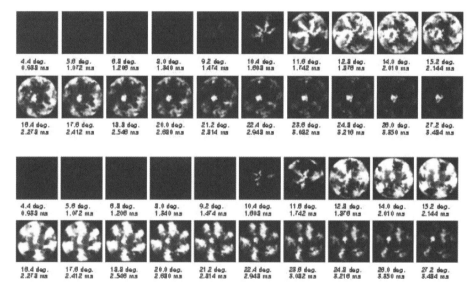

- BTDC 10 = 0.03mg/st, BTDC 4 = 11.83mg/st
- BTDC 10 = 0.03mg/st, BTDC 4 = 14.33mg/st

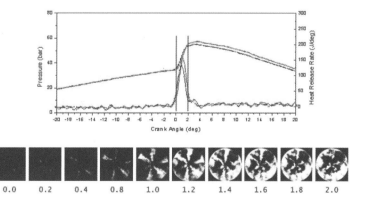

(계속)

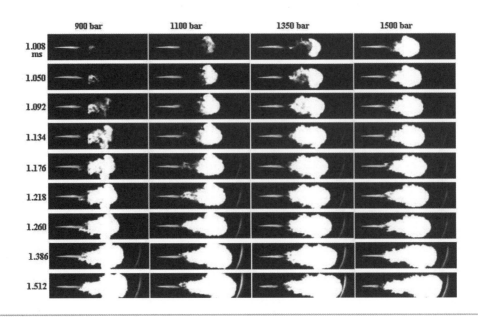

(3) 2색 파이로미터를 통한 연소실 가스온도 평가

① 교정곡선 작성

그림 3.15 **2색 파이로미터를 위한 교정곡선 예시**

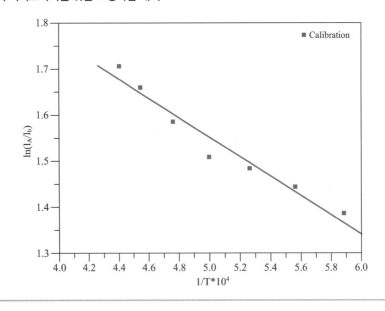

② 층류확산화염 온도분포 해석

층류확산화염의 온도별·반경별 온도분포 해석의 예를 그림 3.16에 나타내었다.

그림 3.16 **층류확산화염의 온도분포 예시**

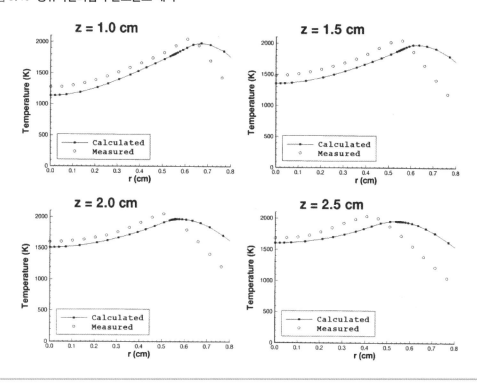

③ 정적연소기에서 화염의 온도해석

주어진 조건에서 화염의 온도분포를 그래프로 나타낸다.

2 결과검토

(1) 동력계를 이용한 엔진의 성능평가

실험결과로 나온 $P-V$ 선도, 엔진 성능곡선, 연소속도, 그리고 열발생률 선도를 작성하여 각각의 실험조건에 따른 결과들에 대해 고찰한다.

(2) 정적연소기를 이용한 분무 및 연소 특성평가

실험결과로부터 얻은 분무각, 분무 관통거리, 무화정도, 그리고 연소속도, 열발생률, 배기 배출물질 등을 각 실험조건에 따른 결과에 대해 비교·고찰한다.

(3) 2색 파이로미터를 이용한 연소실 가스온도 평가

실험결과로 나온 교정곡선을 제시하고 층류화염의 온도를 그래프로 제시하여 온도분포를 평가하고, 정적연소기를 통해 얻은 조건별 화염의 온도결과에 대해 고찰한다.

6 보고서 작성

실험보고서는 공학작문에서 학습한 보고서 작성요령을 기초로 하여 창의적이고 개성 있게 작성한다.

1 예비보고서

다음과 같은 내용을 공부하여 요약·정리한다.

- 내연기관의 성능실험의 종류와 방법, 성능실험의 중요성에 대한 조사
- 정적연소기를 통한 분무 및 연소 특성 선행연구 조사
- 연소 가스온도의 계측방법에 대한 조사

2 결과보고서

결과보고서는 다음 순서에 따라 각 장에 필요한 내용을 충실하고 간명하게 기술한다.

(1) 제목(표지)

(2) 실험목적 및 이론

실험목적과 실험내용 개요를 간명하게 서술한다.

(3) 실험장치 및 방법

실험에 사용되는 실험장치의 구성과 구성요소를 간결하게 소개하고, 실험방법의 핵심적인 내용을 간명하게 기술한다.

(4) 실험결과 분석 및 고찰

① 실험 데이터 및 조건정리

실험에서 측정한 자료와 실험환경을 포함한 실험조건을 모두 기록한다. 이 내용물은 실험활동의 핵심내용을 제시하는 것이 된다.

② 분석, 결과 종합 및 고찰

실험목적과 내용에 따라 실험 측정자료를 분석·종합하고 고찰한 내용을 기술한다. 분석과 종합을 하는 과정에서 측정자료를 곡선적합(curve fitting), 통계처리, 유도식을 이용한 2차 자료 산출 등의 실험 데이터 가공을 하는 경우에는 그 가공과정을 반드시 기술한다. 가능하면 측정, 분석자료를 표나 그림 등으로 분류·정리하여 제시하고, 표와 그림의 의미와 내용을 간명하게 나타내는 적합한 제목을 붙인다.

(5) 결론

실험에 의한 측정자료를 기초로 실험결과를 종합하고, 분석·검토·요약하며, 실험에 기초한 실험자 자신의 핵심(중요)결론을 간명하게 서술한다.

(6) 참고문헌

실험자가 실제 참고한 문헌을 대한기계학회 논문집의 참고문헌 기술양식에 따라서 수록한다.

참고문헌

1. Greene A. B. and Lucas G. G., The Testing of Internal Combustion Engines, EUP, London, 1969.

2. Richard Stone저, 구자예, 노수영, 배충식, 정경석, 황상순 공역, 내연기관(제2판), 희중당, 1996.

3. Rassweiler G. M. and Withrow L., Motion pictures of engine flame correlated with pressure cards, SAE paper 800131(originally presented in January 1938), 1938.

4. Rowland S. Benson, The Thermodynamics and Gas Dynamics of Internal Combustion Engines, Vol. I (eds J. H. Horlock and D. E. Winterbone), Clarendon, Oxford, 1982.

5. Rowland S. Benson, The Thermodynamics and Gas Dynamics of Internal Combustion Engines, Vol. II (eds J. H. Horlock and D. E. Winterbone), Clarendon, Oxford, 1986.

6. Rowland S. Benson and N. D. Whitehouse, Internal Combustion Engines, Vol. I, Pergamon, Oxford, 1979.

7. Rowland S. Benson and N. D. Whitehouse, Internal Combustion Engines, Vol. II, Pergamon, Oxford, 1979.

8. J. H. Weaving(ed.), Internal Combusiton Engineering, Elsevier Applied Science, London and New York, 1990.

9. Charles Fayette Taylor, The Internal Combustion Engine in Theory and Practice, Vol. I : Thermodynamics, Fluid Flow, Performance, 2nd ed.(revised), MIT Press, Cambridge, Massachusetts, 1985.

10. Charles Fayette Taylor, The Internal Combustion Engine in Theory and Practice, Vol. II : Combustion, Fuels, Materials, Design, Revised ed., MIT Press, Cambridge, Massachusetts, 1985.

11. M. D. SMOOKE et. al., Computational and Experimental Study of Soot Formation in a Coflow, Laminar Diffusion Flame, COMBUSTION AND FLAME, 117, pp. 117-139, 1999.

12. C. B. Lee, In-Cylinder Soot Measurement Using Laser Techniques and 2-D Temperature Measurement Technologies, KATEC international workshop, 2005.

실험
4

초음파를 이용한
구조진단 실험

1 실험목적

본 실험은 초음파 파동을 이용하여 구조의 상태를 진단하는 실험이다. 초음파를 이용한 구조 진단 실험을 통하여 각 물질에서의 초음파 전파속도를 이용하여 오실로스코프 상에 나타나는 재료의 경계면에서 반사되어 돌아오는 신호의 시간차를 이용하여 재료의 두께를 측정할 수 있다. 이때 초음파를 이용한 두께 측정방법을 적용하여 한쪽 면에서만 접근이 가능한 감육손상 재료의 두께를 측정할 수 있는 장점이 있다. 또한 재료 내의 결함 유무를 결함 부위에서 산란, 반사되어 돌아오는 신호를 해석하여 판단할 수 있다. 먼저 파동에 대한 기본적인 개념과 실험기법, 데이터 분석능력을 기르도록 한다.

이 실험의 목적은 재료의 단면 또는 일부만 보이는 부분에서 전체 시편의 물성 및 제원을 알아내는 것과 미세한 온도와 압력차이에 의해 발생하는 시편의 인장과 압축 정도를 알아보는 것이다. 그리고 시편의 결함정보를 초음파를 이용하여 측정하여 판단하고, 신호를 해석해본다.

2 실험내용 및 이론적 배경

1 실험내용

본 실험에서는 초음파를 이용하여 시편의 두께 측정과 파동속도 측정, 컴퓨터 모니터의 단면으로부터 보이지 않는 내부의 두께 측정, 결함이 존재하는 시편의 결함 위치를 판단한다.

실험내용은 다음과 같다.

- 초음파 탐촉자를 이용하여 각 시편의 파동속도를 측정하고, 두께를 모르는 시편의 두께를 측정한다.
- 컴퓨터 모니터의 단면으로부터 초음파를 이용하여 두께를 측정한다.
- 결함이 존재하는 시편을 B 스캔을 통해서 결함정보를 알아낸다.

그림 4.1 **두께 측정** ——— | 그림 4.2 **모니터 내부 두께 측정** ——— | 그림 4.3 **결함 파악** ———

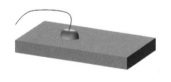

2 이론적 배경

(1) 초음파 이론

비파괴 검사에서 사용되는 초음파는 금속이나 비금속을 포함한 각종 신소재 및 접합 부재에의 결함 탐상과 강도 측정을 통해 구조물의 건전성 평가에 대한 핵심정보를 제공한다. 또한, 초음파를 이용한 각종 재료의 고유한 물성평가도 가능하다. 초음파(ultrasound)는 귀로 들을 수 있는 음파(주파수 20 Hz~20 kHz)보다 높은 주파수 성분을 갖는 음파이다. 고체 내의 파동의 전파속도는 재료 내부에 존재하는 응력에 따라 미세하게 변하는 것으로 알려져 있다. 3차원 미소체적의 변형률(strain)과 변위(displacement)의 관계식을 아래와 같이 표시할 수 있다.

$$2\varepsilon_{ij} = \frac{\partial u_i}{\partial x_j} + \frac{\partial u_j}{\partial x_i} \quad (i,\ j = 1,\ 2,\ 3) \tag{4.1}$$

여기서 ε_{ij}는 i, j방향 변형률을 나타내고, u_i, u_j는 각각 i, j방향 변위를 타나낸다. 그리고 x_i, x_j는 각각 i, j방향의 좌표를 나타낸다.

그림 4.4에서와 같이 3차원 무한체 내 미소체적의 재질이 선형 탄성 등방성이라면 훅의 법칙(Hooke's Law)에 의하여 다음과 같이 표시된다.

$$2\mu\varepsilon_{ij} = \sigma_{ij} - \frac{\lambda}{2\mu + 3\lambda}\delta_{ij}\sum_k \sigma_{kk}, \quad \sigma_{ij} = 2\mu\varepsilon_{ij} + \lambda_{ij}\sum_k \epsilon_{kk} \tag{4.2}$$

여기서 μ와 λ는 탄성재료 내 탄성계수를 나타내는 라메(Lame)상수라고 하며, 횡방향 변형과 체적변형에 관련된 탄성계수를 나타낸다. 크로네컬 델타(Kronecker delta)이며, σ_{ij}는 i, j방향에 작용하는 응력을 나타낸다. 그리고 3차원 미소체적에 작용하는 운동방정식을 다음과 같이 표시하였다.

그림 4.4 **무한체 내 선택된 미소체적에서의 응력성분**

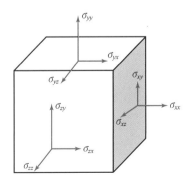

$$\sum_j \frac{\partial \sigma_{ij}}{\partial x_j} + \rho f_i = \rho \ddot{u}_i + \eta \dot{u}_i \qquad (4.3)$$

f_i는 요소의 체적력이다. 자료 자체 내의 감쇠를 무시한다면 $\eta = 0$이다. $\dot{u}_i$, $\ddot{u}_i$는 i방향 속도와 가속도를 나타낸다. 앞서 제시된 변위와 변형률 방정식을 운동방정식(governing equations)과 구성방정식(constitutive equations)에 대입하면 나비아 방정식(Navier's Equation)을 식 (4.4)와 같이 얻게 된다.

$$(\lambda + \mu) \sum_k \frac{\partial^2 u_k}{\partial x_k \partial x_i} + \mu \sum_k \frac{\partial^2 u_i}{\partial x_k^2} = \rho \ddot{u}_i \qquad (4.4)$$

위 식은 시간과 변위의 2차 편미분방정식이다. 헬름홀츠 분해(Helmholtz decomposition)로 변위를 대입하여 위에 제시한 복잡한 2차 미분방정식을 간단하게 정리하면,

$$u_i = \frac{\partial \Phi}{\partial x_i} + \sum_p \sum_q e_{ipq} \frac{\partial \Psi_k}{\partial x_k}, \quad \sum_k \frac{\partial \Psi_k}{\partial x_k} = 0 \qquad (4.5)$$

여기서 e_{ipq}는 순열기호(permutation symbol)이며 미지의 퍼텐셜 함수 Φ, Ψ_1, Ψ_2, Ψ_3로서 3축 방향의 변위 u_1, u_2, u_3를 표시한다.

$$\frac{\partial}{\partial x_i}[(\lambda + 2\mu)\nabla^2 \Phi - \rho \ddot{\Phi} - \eta \dot{\Phi}] + \sum_p \sum_q \frac{\partial}{\partial x_p}[\mu \nabla^2 \Psi_p - \rho \ddot{\Psi}_p - \eta \dot{\Psi}_p]e_{ipq} = 0 \quad (4.6)$$

이 방정식은 괄호 안의 식들이 전부 0이 될 때만 만족한다. Φ와 Ψ의 방정식을 쓰면 다음과 같다.

$$(\lambda + 2\mu)\nabla^2 \Phi - \rho \ddot{\Phi} - \eta \dot{\Phi} = 0, \quad \mu \nabla^2 \Psi_q - \rho \ddot{\Psi}_q - \eta \dot{\Psi}_q = 0 \qquad (4.7)$$

탄성파동이 매질로 전파하는 종방향 속도, 즉 종파의 속도는 C_L로 표시하고, 탄성계수 및 밀도와의 관계식은 다음과 같다.

$$C_L^2 = \frac{\lambda + 2\mu}{\rho} \qquad (4.8)$$

퍼텐셜 함수 Ψ_i는 탄성파동의 또 다른 전파 형식인 횡방향 전파의 횡파속도 C_S와 연관되며, 그 식은 아래와 같다.

$$C_S^2 = \frac{\mu}{\rho} \qquad (4.9)$$

ω는 각 주파수를 나타내며, ρ는 매질의 밀도를 표시한다. 탄성파동이 흘러가는 재질의 탄성계수와 푸아송계수를 알게 되면 파동의 종파속도와 횡파속도를 계산할 수 있고, 반면에 재질의 종파, 횡파속도를 알게 되면 구조물의 탄성계수 및 푸아송비를 계산해 낼 수 있다.

(2) 초음파의 종류

초음파의 종류는 대표적으로 그림 4.5와 같이 종파와 횡파로 나뉜다.

그림 4.5 파동의 종류와 진행방향

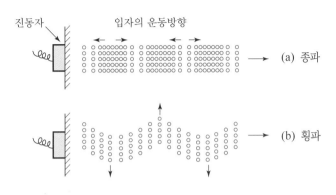

종파(L-wave, Longitudinal wave)는 입자의 진동방향이 파를 전달하는 입자의 진행방향과 일치하는 파를 말하며, 그림 4.5 (a)에서와 같이 파의 진행에 따라 밀(compression)한 부분과 소(rarefaction)한 부분으로 구성되기 때문에 일명 압축파(compression wave)라고도 불린다. 이 파는 초음파 탐상시험의 수직탐상에 주로 이용되는 진동 형태로, 다른 형태의 파로 변환되기도 한다. 종파는 고체뿐만 아니라 액체, 기체에서도 존재하며, 강의 경우 음속이 5,900 m/s로 가장 빠르다. 종파의 경우 다음과 같은 물리적인 성질을 가진다. 즉, 물질의 탄성계수의 제곱근에 비례하고 밀도와 푸아송비의 제곱근에 반비례한다.

$$C_L = \frac{1}{\sqrt{\rho}} \cdot \sqrt{\frac{E}{1+\nu}} \tag{4.10}$$

SV파(vertically shear wave)라 불리는 횡파는 탐상면에 대해 초음파의 진행방향이 수직으로 진동하는 횡파를 말하고, SH파(horizontally shear wave)는 초음파가 탐상면과 수평방향으로 진동하는 횡파를 말한다. 일반적으로 강 용접부의 초음파 사각탐상에서는 그림 4.5 (b)에서와 같이 SV파가 주로 이용되고 있다. SH파는 횡파진동자를 탐촉자의 축방향으로 이용, 진동자로부터 발생한 횡파를 점성이 높은 접촉매질을 통하여 시험체에 전파시킨다. SH파는 SV파와 같은 반사면에서 모드 변환이 없고 탐상도형이 간단하여 판정이 용이하며, 굴절각을 90°에 가깝도록 하면 표면 SH파가 되어 높은 효율로 탐상면을 따라 전파하는 것이 가능하다. 그리고 횡파의 경우 다음과 같은 물리적인 성질을 가진다. 즉, 물질의 밀도의 제곱근에 반비례하고 탄성계수와 푸아송비의 제곱근에 비례한다.

$$C_P = \frac{1}{\sqrt{\rho}} \cdot \sqrt{E(1+\nu)} \tag{4.11}$$

종파와 횡파속도식을 연립하여 구하면 속도에 따른 물질의 탄성계수와 푸아송비를 구할 수 있어 재질의 물성변화 정도를 알 수 있다.

(3) 구조진단 기법의 종류

다음은 재료를 진단하는 기법의 종류와 각 기법에 대한 설명이다. 재료진단 기법 중 비파괴적인 방법으로 재료 및 구조물의 결함 또는 상태를 진단하는 기법은 다음과 같다.

초음파진단(Ultrasonic Diagnosis-UT) 기법은 재료 내 입사되어 전파하는 탄성파동의 산란 신호를 분석한다. 초음파진단 기법은 범용성(모든 재질에 적용 가능), 인체무해, 다양한 설비에 적용 가능, 원거리 및 접근이 어려운 곳에 탐상이 가능한 장점이 있지만, 신호해석을 위해 역학적, 물리적 이해를 필요로 한다.

다음으로 음향방출 기법(Acoustic Emission Technique-AE)은 재료 내 결함이 파손될 때 나오는 탄성파동 신호를 활용한 방법이다. 음향방출 기법은 광범위탐상 및 실시간진단이 가능하고, 손상부위의 초기 위치추정에 적합하지만, 정량적 진단이 불가능하며, 성장하지 않는 결함에 대한 진단이 불가능하다.

자분탐상 기법(Magetic Particle Testing-MT)은 자화가 가능한 재료표면 결함에 의해 발생된 자기장의 변화를 자분의 흩어지는 모습으로 진단하는 방법이다. 자분탐상 기법은 사용이 용이하고, 단순하며, 가격이 저렴하지만, 내부 결함에 대한 탐상이 불가능하며, 자화 재질만 탐상이 가능한 한계점이 있다. 그리고 침투탐상 기법(Penetrant Testing-PT)은 세라믹과 같이 흡수가 가능한 재료 표면에 뿌려진 형광물질에 흡수 여부를 시각적으로 확인하여 흡수된 부위에 존재하는 표면결함을 진단한다. 침투탐상 기법은 자분탐상 기법과 같이 사용이 용이하고, 단순하며, 가격이 저렴하지만, 내부 결함에 대한 탐상이 불가능하며, 부식에 민감한 재료에서는 탐상이 불가능하다.

방사선탐상 기법(Radiographic Testing-RT)은 재료 내부에 X-ray를 투과하여 영상화하여 결함을 확인하는 방법이고, 손상부위 및 결함의 영상화가 가능하다. 하지만, 인체에 유해하고, 국부탐상에 국한되고, X-ray가 침투하지 못하는 재료 및 부위에 적용 불가하다. 그리고 광학적 탐상기법(Optical Testing-OT)은 레이저나 광섬유를 센서로 활용하여 재료 내로 전파하는 진단신호를 수집분석하는 방법으로 비접촉 기법이며, 광범위 진단 가능한 장점이 있지만, 미세한 진동에도 큰 영향을 받고, 진단장비가 크고 고가이기 때문에 현장적용의 어려움이 있으며, 광범위 진단에서 수신만 가능한 단점이 있다.

(4) 초음파 구조진단의 기본원리

일반적으로 초음파의 속도는 재료의 탄성계수에 비례하며 밀도에 반비례한다(단, 재료의 외부 크기가 입사되는 파장에 비해 매우 큰 경우에 한함). 따라서 초음파속도의 측정은 재료의 탄성계수를 측정하는 효과적인 방법이다. 초음파속도를 활용한 재료진단의 기본원리는 초음파속도를

그림 4.6 **초음파 속도를 이용한 재료의 두께 측정 개념도**

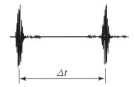

초음파 전파시간: Δt

초음파속도: C

재료의 두께: $D = \dfrac{C \times \Delta t}{2}$

먼저 두께가 알려진 재료상수로서 측정한다. 그리고 반사신호가 오실로스코스 상에 나타나는 시간을 읽어 이를 속도－시간－거리의 단순한 상관관계 식에 대입하여 결함의 위치를 판단한다.

그림 4.6은 재질이 알려진 구조물의 두께를 측정하는 방식이다. 초음파 속도는 물질의 재료상수로 표현이 가능하므로 재질을 알고 있으면 초음파의 속도를 알 수 있다. 그리고 초음파 전파시간을 오실로스코프 상에서 읽어 재료의 두께를 측정할 수 있다.

그림 4.7은 재질을 알지 못하는 구조물에서 초음파속도를 이용한 초음파속도와 물질상수와의 관계식을 통해 구조물의 재질을 확인할 수 있는 방법이다. 구조물의 두께를 버니어켈리퍼스로 확인하고, 오실로스코프 상에 나타나는 신호를 통해 초음파 전파거리와 전파시간을 측정하여 초음파 전파속도를 확인할 수 있다. 이러한 방법을 응용하여 구조물 내의 결함의 위치를 파악할 수 있다.

그림 4.7 **재료의 초음파속도 측정 개념도**

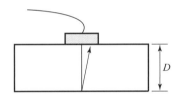

초음파 전파거리: $2 \times D$

초음파 전파시간: Δt

초음파 전파속도: $C = \dfrac{2 \times D}{\Delta t}$

3 실험장치

본 실험에서는 그림 4.8과 같이 구성된 장비를 이용해 실험을 한다. 기본장비는 초음파신호를 발생시키는 고출력 신호발생기, 신호를 제어하는 컴퓨터, 신호를 전달, 측정하는 트랜스듀서, 계측된 신호를 확인하는 오실로스코프로 구성되어 있다. 그리고 순간적인 고출력으로부터 장비를 보호해 주는 감쇠기와 측정된 신호를 증폭시켜 주는 증폭기, 신호를 분배해 주는 분배기가 있다.

B 스캔을 이용한 결함측정 실험에서는 그림 4.9와 같은 실험장비가 필요하다. 신호발생기와 신호를 제어해 주는 컴퓨터, 오실로스코프를 집합한 소프트웨어를 사용한다.

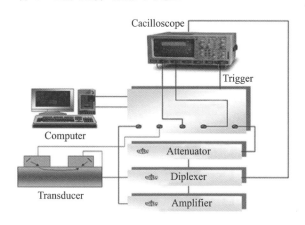

그림 4.8 **초음파실험 기본장비 구성도**

Cacilloscope

Trigger

Computer

Attenuator

Diplexer

Amplifier

Transducer

그림 4.9 **B-scan 장비 구성도**

4 실험방법

1 금속시편 두께 및 파동속도 측정실험

다음 그림은 실험장비의 입력 값을 설정하기 위한 프로그램이다. 이 장비는 입력 주파수를 결정할 수 있으며, 하이패스 필터와 로우패스 필터가 내장되어 있어 원하는 구간의 주파수를 선정해서 수신할 수 있다.

(1) 버니어캘리퍼스로 시편 두께를 측정한다.
(2) 고출력 신호발생기와 센서, 오실로스코프에 케이블을 연결한다.

```
----------------- Setup I -------------------------------+
Trigger Source >    Internal        FREQUENCY 10      MHz < step >
Int. Rep-Rate >       100 Hz
                                    FREQ.STEP SIZE .01      MHz
Receiver Input >    No.1            Four Cycle           < Burst Step >
HP RF Filter >      100   kHz       < Cycles per burst >   60
LP RF Filter >      5     MHz       BURST WIDTH    6       usec
IF Bandwidth >      4     MHz       < Gated Amp Control >  1.2    Volt
LP Video Filter >   150   kHz
Integrator rate >    250  Volts per Volt millisecond

                    < Step direction >      up

  Setup I       F2 Setup II     F3 Absolute Meas.    F4 Relative Meas.
  Load          F6 Gate Sweep   F7 Save & Exit       F8 Exit
```

(3) 감쇠기의 감쇠 값을 최대로 설정한다.

(4) 컴퓨터 프로그램에서 입력 주파수와 샘플링 사이클 수를 정한다.

(5) 커플런트를 시편과 센서의 접촉면에 사용한다.

(6) 고출력 신호발생기를 켜고 측정된 신호를 오실로스코프로 확인한다.

(7) 오실로스코프에서 확인된 신호의 시간차이를 읽고 속도를 구한다.

(8) 계산된 속도를 바탕으로 재질이 같은 임의의 시편의 두께를 측정한다.

(9) 동일한 방식으로 다른 재질의 시편을 반복 실험한다.

2 모니터 두께 측정 실험

(1) 장비설정 후 모니터의 중앙에서부터 모서리 부분으로 이동하며 측정한다.

(2) 측정된 신호를 기록하여 두께를 계산한다.

3 B 스캔을 이용한 결함 측정 실험

다음의 그림은 B스캔에서 입력 값 설정 및 측정신호가 나타나도록 제작된 소프트웨어의 화면이다.

(1) 장비에 전원을 연결하고 컴퓨터와 연결 후 프로그램을 실행한다.

(2) 입력 주파수와 게인 값을 설정한다.

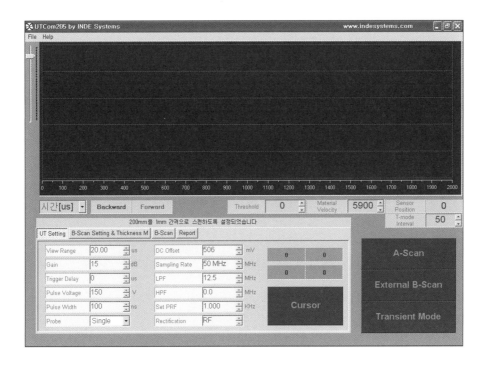

(3) 하이패스 필터와 로우패스 필터를 설정한다.

(4) 출력된 신호를 확인한 후 B 스캔 모드로 전환한다.

(5) 측정하고자 하는 시편에 커플런트(couplant)를 바르고 측정을 시작한다.

(6) 측정된 신호를 이용하여 B 스캔 모드에서 결함의 위치와 크기를 알아낸다.

5 실험결과 분석 및 고찰

1 시편 두께 측정

(1) 측정된 신호에서의 최고지점의 시간차를 이용하여 지정된 시편에서의 파동전파속도를 구한다.

(2) 계산된 파동전파속도를 이용하여 임의의 두께의 동일 시편의 두께를 측정한다.

2 모니터 내부 두께 측정

(1) 모니터 중앙 부분부터 모서리 부분까지 순차적으로 측정한 결과를 바탕으로 두께를 계산한다.

(2) 계산된 두께를 바탕으로 역으로 모니터의 내부 형상을 그래프로 그린다.

3 B 스캔 결함 위치 해석

(1) 측정된 데이터를 바탕으로 파동전파속도를 이용하여 결함의 깊이를 계산한다.

(2) 계산된 깊이와 그래프에 나타난 결함의 위치와 비교·분석한다.

6 보고서 작성

실험보고서는 공학작문에서 학습한 보고서 작성요령을 기초로 하여 창의적이고 개성 있게 작성한다.

1 예비 보고서

다음과 같은 내용을 공부하여 요약·정리한다.

(1) 파동의 종류와 진행방향

(2) 초음파를 이용한 산업분야의 비파괴검사 방법의 적용 예

(3) 다음 용어들을 정의하라.
- 주파수(frequency)
- 파장(wavelength)
- 주기(period)
- 파수(wave number)

2 결과보고서

결과보고서는 아래 순서에 따라 각 장에 필요한 내용을 충실하고 간명하게 기술한다.

(1) 제목(표지)

(2) 실험목적 및 이론

실험목적과 실험내용 개요를 간명하게 서술한다.

(3) 실험장치 및 방법

실험에 사용되는 실험장치의 구성과 구성요소를 간결하게 소개하고, 실험방법의 핵심적인 내용을 간명하게 기술한다.

(4) 실험결과 분석 및 고찰

① 실험 데이터 및 조건 정리

실험에서 측정한 자료와 실험환경을 포함한 실험조건을 모두 기록한다. 이 내용물은 실험활동의 핵심내용을 제시하는 것이 된다.

② 분석, 결과 종합 및 고찰

실험목적과 내용에 따라 실험 측정자료를 분석·종합하고 고찰한 내용을 기술한다. 분석과 종합을 하는 과정에서 측정자료를 곡선적합(curve fitting), 통계처리, 유도식을 이용한 2차 자료 산출 등의 실험 데이터 가공을 하는 경우에는 그 가공과정을 반드시 기술한다. 가능하면 측정, 분석자료를 표나 그림 등으로 분류·정리하여 제시하고, 표와 그림의 의미와 내용을 간명하게 나타내는 적합한 제목을 붙인다.

(5) 결론

실험에 의한 측정자료를 기초로 실험결과를 종합하고, 분석·검토·요약하며, 실험에 기초한 실험자 자신의 핵심(중요) 결론을 간명하게 서술한다.

(6) 참고문헌

실험자가 실제 참고한 문헌을 대한기계학회 논문집의 참고문헌 기술양식에 따라서 수록한다.

● 참고문헌 ────────────────────────────

1. Joseph L. Rose, Ultrasonic waves in solid media, Cambridge unversity press, 1999.
2. J. D. Achenbach, Wave propagation in elastic solids, North-Holland publishing company, 1975.
3. J. L, Rose, Y. Cho, Ultrasonic NDE laboratory Notes, 진영출판사, 2000.

인장실험

❶ 실험목적

대부분의 구조물은 일반적으로 다양한 정적 및 동적 하중과 변형이 가해지게 되는데, 구조물을 구성하는 재료는 이와 같은 하중과 변형을 감당할 수 있도록 재료의 강도가 설계되어야 한다. 본 실험은 재료의 강도설계를 위한 기초정보를 제공하는 정적 인장실험을 통하여 다음과 같은 실험목적을 달성하고자 한다.

첫째, 인장실험을 위하여 사용되는 재료시험기의 사용방법을 습득하고, 재료의 강도해석에 사용되는 기본적인 역학적 파라미터의 측정방법과 원리를 이해한다.

둘째, 재료에 가해지는 하중과 측정된 변위 사이의 관계를 나타내는 재료의 기계적 거동을 이해하고, 이로부터 재료의 기계적 특성을 결정하는 탄성계수, 항복강도, 인장강도, 연신율, 단면수축률 등과 같은 재료물성치를 구하는 방법을 습득한다.

셋째, 재료의 기계적 특성으로부터 사용목적 및 조건에 부합하는 안전한 하중의 한계와 재료의 변형능력을 검토하는 능력을 배양한다.

❷ 실험내용 및 이론적 배경

1 실험내용

판상 또는 봉상 인장용 실험시편을 규격에 맞게 가공한 후 인장실험을 위한 재료시험기를 이용하여 시편에 파단이 일어날 때까지 하중을 서서히 증가하는 인장실험을 수행한다. 이 인장실험으로부터 얻을 수 있는 하중 – 변위 선도(load-elongation diagram)로부터 하중을 실험시편의 원단면적으로 나누고, 표점거리의 변화량을 표점거리로 나누어서 응력 – 변형률 선도(stress-strain diagram)를 구한다.

이 응력 – 변형률 선도를 이용하여 재료의 기계적 특성을 결정하는 탄성계수, 항복강도, 인장강도, 연신율, 단면수축률 등과 같은 재료물성치를 계산하고, 본 인장실험에 사용된 시편에 적용될 수 있는 정적 파손이론들을 고찰하며, 허용응력 범위에 대하여 분석한다. 또한, 기존 문헌에 보고된 재료물성치와 실험에서 구한 재료물성치 사이에 오차가 존재한다면 오차가 발생한 이유에 대하여 분석한다. 이를 요약하면 그림 5.1과 같다.

그림 5.1 **실험내용 및 순서**

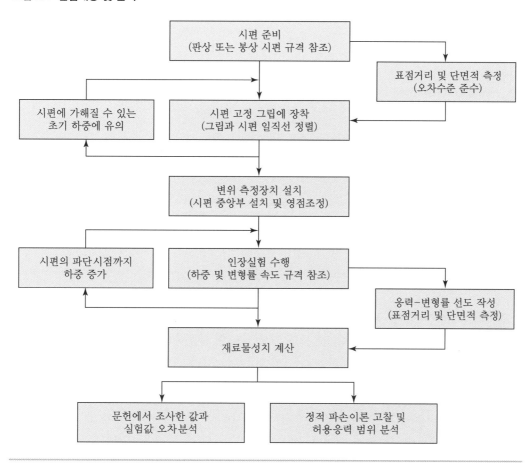

2 이론적 배경

(1) 재료의 기계적 특성

인장실험으로부터 구한 응력 – 변형률 선도(그림 5.2)와 인장실험에 사용된 시편의 규격으로부터 다음의 재료물성치를 구할 수 있다.

① 비례한계(proportional limit)

응력에 대하여 변형률이 일차적인 비례관계를 보이는 최대응력을 비례한계라고 한다.

② 탄성한계(elastic limit)

비례한도 전후에서 부과했던 하중을 제거했을 때 변형이 없어지고 완전히 원상회복되는 탄성변형이 발생할 수 있는 최대응력을 탄성한계라고 한다. 정확한 탄성한계를 결정하기 곤란하므로, 실제 어느 정도의 영구변형이 생기는 응력을 탄성한계로 규정하고 있다. 영구변형의 변형률 값으로 0.01~0.03% 사이의 값을 채택하는 경우가 많다.

그림 5.2 **응력-변형률 선도**

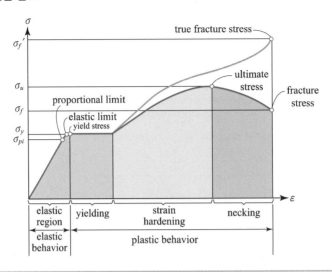

③ 종탄성계수(modulus of elasticity, Young's modulus)

응력과 변형률의 비는 비례한계 내에서는 일정하다. 이 일정한 관계를 Hooke의 법칙이라 하고, $\sigma = E\varepsilon$으로 표시된다. 여기에서 E값을 종탄성계수라 하며, 응력-변형률 선도에서 비례한계 이내의 직선부분의 기울기를 의미한다.

④ 항복점(yield point)

연강과 같은 연성재료는 응력이 탄성한계를 지나면 곡선으로 되면서 응력이 증가하다가 하중을 증가시키지 않아도 변형이 갑자기 커지기 시작하는 지점이 발생하는데, 이 지점을 상항복점이

그림 5.3 **항복강도**

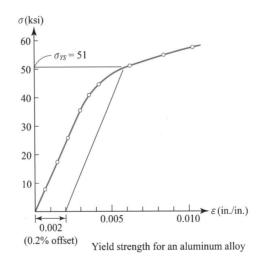

Yield strength for an aluminum alloy

라고 한다. 이때 금속 내부에 슬립으로 인하여 소성유동이 생겨 큰 내부 전위를 일으키면서 하항복점이 발생하는데, 하항복점을 지나면 영구변형은 더욱 증가한다. 일반적으로 항복점은 하항복점을 의미하고, 이 하항복점은 시험속도와 시편의 형상에 의하여 영향을 받는다.

⑤ 0.2% 오프셋 항복강도(0.2% offset yield strength)

주철과 같이 항복점이 확실치 않은 취성재료에서는 0.2 %의 영구변형률을 가지는 점을 항복점 대신으로 생각하는데, 이것을 0.2 % 오프셋 항복강도 또는 내력(0.2 % offset yield strength or proof stress)이라고 한다(그림 5.3). 일반적으로 연강 이외의 금속재료들은 뚜렷한 항복점이 나타나지 않는다.

⑥ 인장강도(tensile strength), 극한강도(ultimate strength)

항복점을 지나면 재료는 경화(hardening)현상이 일어나면서 어느 일정한 하중(극한응력, ultimate stress)까지는 다시 하중을 증가시켜야 변형이 증가한다. 이때 시편의 단면적은 표점거리 내에서 균일하게 변화한다. 하지만 시편에 가해지는 최대하중이 지나면 국부적 수축현상(necking, 그림 5.4)이 시편 내부의 슬립변형에 의하여 발생하며, 시편에 가해지는 하중은 감소해도 변형은 증가한다. 이때 시편에 가할 수 있는 최대하중을 시편의 원단면적으로 나눈 값을 인장강도 또는 극한강도라고 한다. 일반적으로 취성재료의 기준강도는 인장강도, 연성재료의 기준강도는 항복강도를 사용한다.

⑦ 파단강도(fracture strength)

시편에 국부적 수축현상이 발생하게 되면 이 부위에서 더욱 더 변형이 증가하게 되어 마침내 시편의 파단에 이르게 된다. 파단이 발생할 때 시편에 가해진 하중을 시편의 초기 원단면적으로 나눈 값을 파단강도라고 하고, 파단 시의 단면적으로 나눈 값을 진응력에서의 파단강도(true fracture strength)라고 한다.

그림 5.4 **시편의 국부적 수축현상과 파단**

⑧ 연신율(elongation)

시편이 파단될 때까지 생기는 전체 늘어난 양을 원래의 표점거리로 나눈 값이다.

$$\text{연신율} = \frac{\text{파단 시의 총 변위}}{\text{표점거리}} \times 100$$

⑨ 단면수축률(reduction in area)

시편의 초기 단면적과 파단 시의 단면적과의 비를 의미한다. 원형단면의 경우 파단 후의 단면이 원형이 아니므로 긴 지름과 짧은 지름을 측정하여 단면적을 구한다.

$$\text{단면수축률} = \frac{\text{초기 원단면적} - \text{파단 후의 단면적}}{\text{초기 원단면적}} \times 100$$

⑩ 리질리언스 계수(modulus of resilience), 인성계수(modulus of toughness)

재료의 복원성(resilience)을 나타내는 지표로서 응력 – 변형률 곡선에서 비례한계까지의 단위 부피당 변형률 에너지(strain energy)로 정의되는 리질리언스 계수를 사용한다. 재료의 리질리언스 계수가 크면 영구변형을 일으키지 않고 재료가 에너지를 흡수할 수 있는 능력이 커진다. 비례한계(σ_{pl})에서 발생하는 시편의 변형률이 ε_{pl}일 때 리질리언스 계수는 다음과 같이 정의된다(그림 5.5).

$$u_r = \frac{1}{2}\sigma_{pl}\varepsilon_{pl} = \frac{1}{2}E\varepsilon_{pl}^2 = \frac{1}{2E}\sigma_{pl}^2$$

한편, 재료의 질긴 정도를 나타내는 지표로서 시편이 파단될 때까지 흡수할 수 있는 단위부피당 변형률 에너지로 정의되는 인성계수(u_t)를 사용한다(그림 5.5). 일반적으로 연성재료가 취성재료보다 인성계수가 크고, 인성계수가 크면 충격하중에 잘 견딘다.

그림 5.5 **리질리언스 계수와 인성계수**

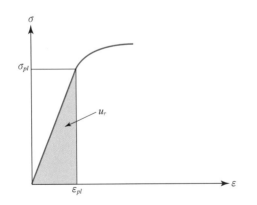
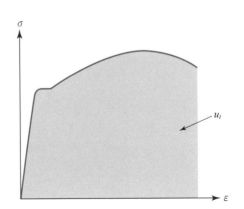

(2) 하중 측정장치 및 오차한계

인장실험을 위한 재료시험기에 사용되는 일반적인 하중 측정 센서는 로드 셀(load cell)이다. 로드 셀은 내부 탄성체의 선형적인 변형구간에서 발생하는 변형을 스트레인 게이지로 측정한 후, 이 전기적인 신호를 로드 셀 내부 탄성체의 하중-변형관계가 선형적이라는 점을 이용하여 하중으로 환산시킨다. 본 인장실험을 통하여 재료의 하중과 변위 사이의 관계로부터 재료의 기계적 특성을 파악하고자 할 때 하중과 변위의 측정오차를 최소화시켜야만 시편의 정확한 재료물성치를 파악할 수 있다. 이들 측정오차는 주로 측정 센서와 실험장치에 의해서 발생한다. 현재 센서의 정밀도가 전 세계적으로 큰 차이가 없기 때문에, 실험장치 시스템 자체의 정밀성(hysteresis, compliance, alignment 등)이 시편에 가해지는 하중 및 변위측정의 정밀도를 좌우한다. 금속재료에 대한 인장실험은 각 나라마다 규격을 정하여 사용하고 있고(미국 ASTM, 영국 BS, 독일 DIN, 일본 JIS, 한국 KS, 프랑스 NF, 스위스 VSM 등), 국제적으로도 국제규격(ISO)을 정하여 시험방법, 시편의 형상, 용어 등을 통일하여 사용하고 있다. 미국 ASTM E 4-50T의 정적 시험 규격은 하중한도 이내에서 하중에 대한 오차가 1%를 초과할 수 없다고 명시되어 있고, 다음과 같이 오차한계를 실험장치가 만족해야 한다.

- 하중치의 오차한계 $E_p = [(A-B)/B \times 100] < 0.1$ (%)

  여기서, A: 기계장비에 표시되는 하중(load indicated by machine)

  B: 작용하중의 정확한 값(correct value of the applied load, 보통 22.7 kg)
- 허용 사용범위와 기계 허용능력의 10% 이하에서의 오차한계가 1% 이하를 만족

3 실험장치

실험장치는 다음의 주요 기기, 장치 및 소프트웨어로 구성되어 있다.

- 재료시험기
  - 유압펌프식 하중 발생장치
  - 하중측정 센서: 로드 셀(load cell)
  - 변위측정 센서: LVDT(Linear Variable Differential Transformer), 퍼텐쇼미터(potentiometer), 인코더(encoder)
  - 하중지지대
  - 제어기 및 PC 내장형 DAQ 보드
- 시편 고정 그립(grip)
- 외부 시편 변위측정 센서: 연신계(extensometer) 또는 스트레인 게이지
- 자료기록 및 분석 소프트웨어를 내장한 PC
- 판상 또는 봉상 실험시편

그림 5.6 재료시험기 및 외부 시편 변위측정기

 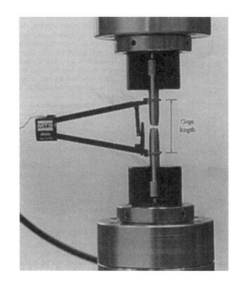

그림 5.7 실험장치의 구성도

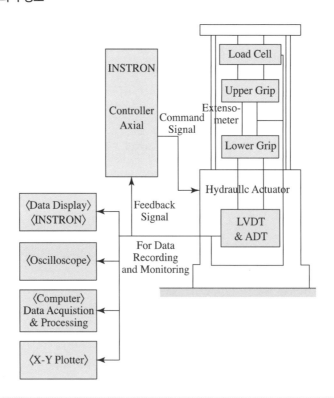

4 실험방법

1 시편준비

인장실험을 하려고 하는 재료에서 시편을 채취하여 규격으로 된 형상과 치수로 가공한다. 가느다란 선재, 체인, 리벳의 접합부 및 용접부 등은 기계가공을 하지 않고 시편으로 사용하기도 하지만, 일반적으로 시편은 시험기에 고정되는 시편 근처에 응력집중이 발생하여 단순한 인장에 의한 변형과는 다른 현상이 발생하므로, 측정하려는 부분에만 단순인장에 의한 변형이 생기도록 하기 위하여 판상 또는 봉상으로 제작한다. 판상 시편은 두께(nominal thickness)에 따라 plate-type 시편(두께가 3/16 in 이상의 평평한 시편)과 sheet-type 시편(두께가 약 0.005~5/8 in)으로 분류된다. 판상과 봉상 시편의 형상과 ASTM 규격은 그림 5.8과 같다. 고정부의 치수는 시험기의 용량에 따라 충분히 크게 한다.

그림 5.8 **판상과 봉상 시편 규격(단위: mm)**

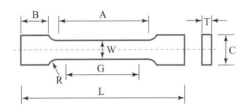

		G	W	T	L	R	A	B	C
KS		50	12.5	원래 두께	–	20~30	약 60	20 이상	–
ASTM	standard	50	12.5	thickness of material	200	12.5	57	50	20
	small	25	6		100	6	32	30	10

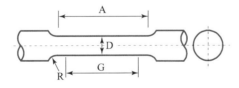

		G	D	R	A
KS		50	12.5	15 이상	약 60
ASTM	standard	50	12.5	12.5	57
	small	25	6.25	6	32

그림 5.8의 규격에 맞추어 준비한 시편은 다음과 같은 특징들을 가진다.

- 시편의 중앙 부위가 최소의 단면적을 갖도록 한다(단순 표점거리 내에서 시편이 분리되도록 하기 위하여 작은 양의 테이퍼(taper)가 허용됨).
- 취성재료(brittle material)는 게이지 길이의 끝 부위에 큰 지름의 필릿(fillet)이 바람직하다.
- 봉상 시편: 0.5 in(약 12.5 mm) 지름의 표준시편일 때 주조(cast), 단조(wrought) 제품 모두 표점거리는 지름의 4배가 되도록 한다.

2 실험준비 및 절차

(1) 시편의 형상과 재질에 맞는 시편고정 그립을 재료시험기에 장착한 후 시편을 장착하기 전에 하중을 영점조정한다.

(2) 시편은 굽힘으로 인한 오차를 방지하도록 재료시험기의 시편고정 그립과 일직선으로 정렬되도록 설치한다. 또한, 그립 간의 중심축이 시편의 중심축과 일치하도록 유의하고 시편설치 시에 초기 하중이 걸리지 않도록 유의한다.

(3) 시편의 단면적 계산을 위하여 시편의 지름을 측정할 때 시편의 지름이 5 mm 이상인 경우 오차가 0.02 mm, 지름이 2.5~5 mm인 경우에는 오차가 0.01 mm, 지름이 0.5~2.5 mm인 경우에는 오차가 0.002 mm, 지름이 0.5 mm 이하인 경우에는 오차가 지름의 1%를 넘지 않도록 시편의 지름을 측정한다.

(4) 시편의 표점거리와 시편의 평행부 길이를 측정할 때 표점거리는 시편 지름의 4배가 되도록 표시한다. 이때 측정오차가 0.4% 이하가 되도록 유의하고, 표점거리 표시는 시험이 끝날 때까지 지워지지 않도록 유의한다. 또한, 시편의 재질이 표면 홈에 민감하거나 취성이 큰 재질일 경우에는 펀치나 스크라이버로 선을 긋지 않도록 한다.

(5) 변위 측정장치로 연신계(extensometer)를 사용할 경우 시편의 중앙부에 설치하고 영점조정을 한다.

(6) 실험은 10~37.8℃(50~100°F)의 상온에서 수행한다.

(7) 규정된 하중속도(rate of stressing) 또는 변형률속도(rate of straining)로 시편에 파단이 발생할 때까지 실험하면서 하중과 변위 데이터를 파일에 저장한다.
- 항복 전: 하중속도 < 12 MPa/sec
- 항복 후: 변형률속도~20~60 %/min

(8) 시편이 파단되면 시험기로부터 시편을 제거한 후 파단된 시편을 서로 맞대어 표점거리를 측정한다. 또한, 긴 지름과 짧은 지름을 측정(시편이 원형 단면인 경우)한다.

3 재료물성치 계산

인장실험에서 저장한 하중과 변형 데이터로부터 하중–변위곡선을 그린다. 이 하중–변위곡선으로부터 시편의 원단면적과 표점거리를 이용하여 응력–변형률 선도를 작성한 후에 다음과 같이 시편의 재료물성치를 구한다.

(1) 비례한계: 응력–변형률 선도의 직선 부분의 최대응력을 구한다.

(2) 종탄성계수: 응력–변형률 선도의 직선 부분의 기울기를 계산하여 구한다.

(3) 상·하항복점: 응력–변형률 선도에서 항복이 일어나서 응력이 감소하기 시작하는 시점이 있으면 상항복점을 구하고, 또 응력이 감소하고 난 후에 일시 정지하는 구간이 있으면 하항복점을 구한다.

(4) 항복강도: 상·하항복점이 분명하지 않은 경우 0.2% Offset Method(0.2% offset strain), Extension-Under-Load Method(Specified strain), Halt-of-the-Load Method (Load drop) 방법들을 이용하여 항복강도를 계산할 수 있다. 일반적으로 많이 쓰이는 0.2% Offset Method를 이용하여 항복강도를 계산한다.

(5) 인장강도: 최대 인장하중을 원단면적으로 나누어 인장강도를 계산한다.

(6) 파단강도: 시편이 파단될 때의 하중을 원단면적으로 나누어 파단강도를 계산한다.

(7) 연신율 및 단면수축률: 시편이 파단될 때 측정한 표점거리와 단면적으로부터 계산한다.

(8) 리질리언스 계수 및 인성계수: 응력–변형률 선도의 면적을 계산하여 구한다. 단, 인성계수를 계산할 때 응력–변형률 선도에 적절한 보조눈금을 그어서 보조눈금으로 만들어진 사각형의 개수를 활용하여 대략적인 면적을 구한다.

5 실험결과 분석 및 고찰

본 인장실험에 사용된 시편에서 구해진 응력–변형률 선도 및 재료물성치를 바탕으로 다음 각 항목에 대하여 고찰한다.

(1) 실험에서 구한 재료물성치들의 활용에 대하여 고찰하고, 기존 문헌에서 조사한 재료물성치와 서로 차이가 존재한다면 그 이유와 인장실험에서 개선해야 할 방향에 대하여 고찰하라.

(2) 시편의 원단면적 측정에서 시편 평행부의 가공 정밀도와의 관련성 측면에서 측정오차를 줄일 수 있는 방법에 대하여 고찰하라.

(3) 인장실험에서 하중과 변위를 관찰하면서 나타난 특이사항을 기록하고, 그 이유 또는 개선점을 고찰하라.

(4) 본 인장실험에 사용된 시편의 응력–변형률 선도 및 재료물성치와 정적 파손이론들을 바탕으로 이 시편의 평면응력 상태에서 적용될 수 있는 정적 파손이론들을 고찰하고, 허용응력 범위를 식과 그림으로 설명하라.

6 보고서 작성

실험보고서는 공학작문에서 학습한 보고서 작성요령을 기초로 하여 창의적이고 개성 있게 작성한다.

1 예비보고서

재료물성치를 조사하기 위한 인장실험을 수행하기 전에 다음과 같은 사항들을 미리 조사하여 본 인장실험의 기본원리를 이해하고 실험장비를 보호하도록 한다.

(1) 기계식, 전자기식, 유압식 재료시험기의 종류와 각각의 장단점에 대해서 조사하라.

(2) 재료시험기의 정밀성을 위해서 고려해야 할 사항들을 조사하고 그 이유를 설명하라.

(3) 재료시험기의 하중과 변위 측정장치의 측정방법과 원리에 대하여 조사하라.

(4) 인장실험에서 시편을 고정하는 그립의 종류와 장단점을 조사하라.

(5) 시편의 형상 및 재질과 관련하여 그립의 선정방법을 조사하고, 시편을 그립에 고정할 때의 유의사항들에 대하여 설명하라.

(6) 실험에 사용되는 시편 재질의 종탄성계수, 인장강도, 파단강도를 기존 문헌에서 미리 조사하라.

(7) 재료물성치(항복강도, 인장강도, 연신율 등)를 표기하는 유효숫자에 대하여 조사하라.

2 결과보고서

결과보고서는 아래 순서에 따라 각 장에 필요한 내용을 충실하고 간명하게 기술한다.

(1) **제목(표지)**

(2) **실험목적 및 이론**

실험목적과 실험내용 개요를 간명하게 서술한다.

(3) **실험장치 및 방법**

실험에 사용되는 실험장치의 구성과 구성요소를 간결하게 소개하고, 실험방법의 핵심적인 내용을 간명하게 기술한다.

(4) **실험결과 분석 및 고찰**

① 실험 데이터 및 조건정리

실험에서 측정한 자료와 실험환경을 포함한 실험조건을 모두 기록한다. 이 내용물은 실험활동의 핵심내용을 제시하는 것이 된다.

② 분석, 결과 종합 및 고찰

실험목적과 내용에 따라 실험 측정자료를 분석·종합하고 고찰한 내용을 기술한다. 분석과 종합을 하는 과정에서 측정자료를 곡선적합(curve fitting), 통계처리, 유도식을 이용한 2차 자료 산출 등의 실험 데이터 가공을 하는 경우에는 그 가공과정을 반드시 기술한다. 가능하면 측정, 분석자료를 표나 그림 등으로 분류·정리하여 제시하고, 표와 그림의 의미와 내용을 간명하게 나타내는 적합한 제목을 붙인다.

(5) 결론

실험에 의한 측정자료를 기초로 실험결과를 종합하고, 분석·검토·요약하며, 실험에 기초한 실험자 자신의 핵심(중요)결론을 간명하게 서술한다.

(6) 참고문헌

실험자가 실제 참고한 문헌을 대한기계학회 논문집의 참고문헌 기술양식에 따라서 수록한다.

● 참고문헌 ─────────────────────────────────────

1. ASTM E 8M-90, Standard Test Methods for Tension Testing of Metallic Materials.

2. KS B 0801, Test pieces for tensile test for metallic materials.

3. KS B 0802, Method of tensile test for metallic materials.

4. R. C. Hibbeler, Statics and Mechanics of materials, SI Edition, 2004.

5. S. H. Crandall, N. C. Dahl, T. J. Lardner, An introduction to the mechanics of solids, 2nd editoin, 1978.

6. J. M. Gere, Mechanics of materials, 6th edition, 2004.

스트레인 게이지
응용실험

■1 실험목적

변형률은 균일한 다면을 가지는 물체에 인장력 또는 압축력이 가해질 때 원래의 길이에 대하여 늘어나거나 줄어든 비율로 정의되며, 스트레인 게이지는 이와 같은 기계적인 변화량인 변형률을 전기적인 신호로 검출하여 측정하는 장치이다. 본 실험은 스트레인 게이지를 이용하여 다음과 같은 네 가지의 목적을 달성하는 데 있다.

첫째, 실제 외력이 가해지는 물체에서 발생하는 변형률을 스트레인 게이지를 사용하여 측정하는 방법과 그 측정원리를 이해한다.

둘째, 하중을 측정하는 센서에 해당하는 외팔보형 하중 측정장치를 스트레인 게이지를 이용하여 구성하는 방법과 보정하는 방법을 습득하여 스트레인 게이지를 응용할 수 있는 방법과 원리를 이해한다.

셋째, 응력 – 변형률 선도로부터 탄성계수를 구하는 실험을 통해 고체역학에서 배운 이론들을 직접 실험에 응용하는 능력을 배양한다.

넷째, 일반적인 실험에서 공통적으로 얻어지는 시변 실험 데이터를 PC에서 처리하는 과정과 기법들을 습득하고, 원하는 목적에 맞도록 응용할 수 있는 방법들을 연습한다.

■2 실험내용 및 이론적 배경

1 실험내용

직사각형 단면을 가진 외팔보 재료에 4개의 스트레인 게이지 부착 위치를 결정한 후에 휘트스톤 브리지 회로를 구성한다. 이 외팔보 재료에 굽힘하중을 서서히 증가시키면서 가하고, 굽힘하중이 가해지는 지점에 부착된 로드 셀로부터 굽힘하중의 크기를 측정한다. 또, 굽힘하중에 의하여 외팔보 재료의 변형이 발생할 때 그 변형률을 브리지 회로에서 나오는 출력값으로부터 측정하고, 하중 – 변형률 관계를 구한다. 스트레인 게이지를 이용하여 로드 셀 역할을 하는 하중 측정장치를 만들 수 있는 기본 원리를 파악하기 위하여 외팔보 재료에 임의의 하중을 가한 후에, 스트레인 게이지의 출력값과 하중 – 변형률 관계로부터 로드 셀을 이용하지 않고 하중을 계산한다. 이 과정에서 고체역학에서 배운 이론을 사용하여 계산한 변형률과 실제 측정한 변형률과의 오차를 비교하고, 그 원인들을 분석한다.

또한, 고체역학의 이론을 적용하여 외팔보에 가해지는 하중으로부터 응력을 계산하고, 하중 – 변형률 관계를 응력 – 변형률 관계로 변환한다. 응력 – 변형률 선도의 기울기로부터 탄성계수를 계산하는 원리를 이해할 수 있도록 임의의 외팔보 재료에 하중 – 변형률 관계를 파악하는 실험을 한 번 더 수행한다. 이 탄성계수를 이용하여 계산한 처짐량과 실제 측정한 처짐량과의 차이를 비교하고, 오차가 발생한 이유에 대하여 분석한다. 이를 요약하면 그림 6.1과 같다.

그림 6.1 **실험내용 및 순서**

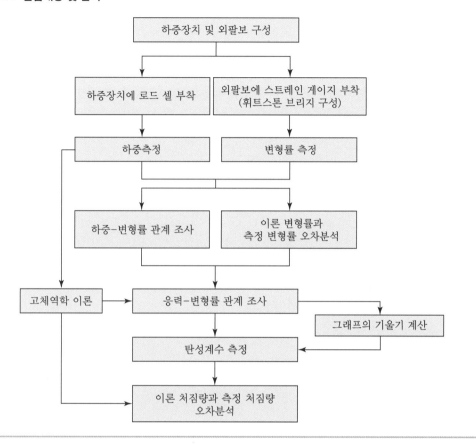

2 이론적 배경

(1) 스트레인 게이지에 의한 변형률 측정

변형률은 얇은 전기 절연물 베이스(base) 위에 저항선을 격자 모양으로 구성하든지 또는 얇은 폴리머 박판(carrier)에 금속판을 입힌 후에 포토 에칭하여 격자 모양으로 저항선을 구성한 것이다. 저항선은 길이가 길어지면 저항이 증가하고, 길이가 짧아지면 저항이 감소하는 성질이 있다. 이 성질을 이용하여 스트레인 게이지를 변형률을 측정하고자 하는 물체의 표면에 부착하고, 스트레인 게이지의 저항값의 변화($\Delta R/R$)로 측정물의 변형률($\varepsilon = \Delta l/l$)을 다음 식에 의하여 구할 수 있다.

$$F = \frac{\dfrac{\Delta R}{R}}{\dfrac{\Delta l}{l}} \tag{6.1}$$

$$\frac{\Delta R}{R} = F \cdot \epsilon \tag{6.2}$$

전기저항의 변화율은 변형률 ε에 비례하고, 게이지 상수 F는 약 1.75~3.5 범위의 값을 가진다(Cu, Ni, Ni-Cr계 합금은 약 2의 값을 가짐).

스트레인 게이지의 출력전압 V_g는 다음과 같다(n; 브리지 암의 수, V; 입력전압).

$$V_g = \frac{n}{4} F \cdot V \cdot \varepsilon \tag{6.3}$$

전기저항의 미소변화에 대하여 검류계(galvanometer)의 전류 I_g는 다음 식으로 표시된다($R = R_1 = R_2 = R_3 = R_4$; 게이지의 전기저항, R_g; 검류계의 전기저항, $n = 4$).

$$I_g = \frac{V_g}{R + R_g} = \frac{F \cdot V \cdot \varepsilon}{R + R_g} = \frac{\Delta R \cdot V}{R(R + R_g)} \tag{6.4}$$

(2) 휘트스톤 브리지(Wheatstone bridge)

일반적으로 변형률 양이 미소하기 때문에 전기저항의 변화나 검류계의 전류는 아주 작은 값이다. 이것을 증폭하는 방법으로 4개의 스트레인 게이지를 그림 6.2와 같은 회로로 구성하고 검류계의 전류를 측정하면 4배의 출력을 얻을 수 있다. 이 회로를 휘트스톤 브리지라고 하며 증폭원리는 다음과 같다.

회로에서 다음 식을 만족하면 검류계 G에 전류가 흐르지 않는다(기준 상태).

그림 6.2 **휘트스톤 브리지**

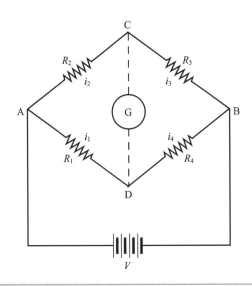

$$\frac{R_1}{R_4} = \frac{R_2}{R_3} \qquad (6.5)$$

R_1이 인장되어 저항이 ΔR만큼 증가하면 D점의 전압은 ΔV만큼 증가하게 되어 G에 전류가 흐른다. 또는 R_4가 압축되어 $-\Delta R$만큼 감소하여도 D의 전압은 역시 ΔV만큼 증가하게 된다.

따라서, R_2와 R_4를 각각 $-\Delta R$만큼, R_1과 R_3를 각각 $+\Delta R$만큼 동시에 변화시키면 C의 전압은 $2\Delta V$만큼 감소하게 되고, D의 전압은 $2\Delta V$만큼 증가하게 된다. 이때, C와 D 사이의 전압차는 $4\Delta V$가 되고 검류계 D의 전류가 4배로 된다.

결국 2개의 스트레인 게이지(R_1, R_3)를 인장 측에, 또 다른 2개의 게이지(R_2, R_4)를 압축 측에 붙이고 휘트스톤 브리지를 형성하면 4배의 감도를 얻을 수 있다.

(3) 외팔보에 걸리는 하중과 변형률

그림 6.3과 같이 고정단으로부터 l만큼 떨어진 자유단에 하중 W가 걸릴 때 a만큼 떨어진 위치에 부착한 스트레인 게이지의 변형률은 다음 식들로부터 계산된다.

$$\sigma = E\varepsilon = \frac{Mh/2}{I} \qquad (6.6)$$

$$M = W(l-a), \quad I = \frac{bh^3}{12} \qquad (6.7)$$

$$\varepsilon = \frac{6W(l-a)}{Ebh^2} \qquad (6.8)$$

따라서, 탄성계수 E를 알고 있는 재료의 외팔보에 대하여 하중을 측정하면 변형률을 계산할

그림 6.3 **외팔보의 치수 및 하중**

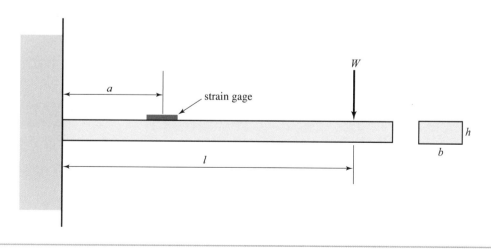

수 있고, 실험으로 측정한 변형률과 비교할 수 있다. 또, 탄성계수를 모르고 있는 임의의 외팔보 재료에 대하여 하중과 변형률을 측정한다면 응력 – 변형률 선도의 기울기로부터 탄성계수 E를 계산할 수 있다.

(4) 하중 측정장치의 구성

외팔보 재료의 1축 방향의 하중(W)을 측정하는 경우, 그림 6.4와 같이 4개의 스트레인 게이지를 부착하고 휘트스톤 브리지를 구성하면 하중 측정장치를 만들 수 있다.

이때 하중은 식 (6.9)를 이용하여 다음 식들과 같이 표현된다.

$$W = \frac{Ebh^2}{6(l-a)} \cdot \varepsilon \qquad (6.9)$$

$$W = \frac{Ebh^2}{6(l-a)} \cdot \frac{V_g}{FV} \qquad (6.10)$$

$$W = \frac{Ebh^2}{6(l-a)} \cdot \frac{(R+R_g)I_g}{FV} \qquad (6.11)$$

그림 6.4 **스트레인 게이지 부착 및 회로구성(T ; 인장, C ; 압축)**

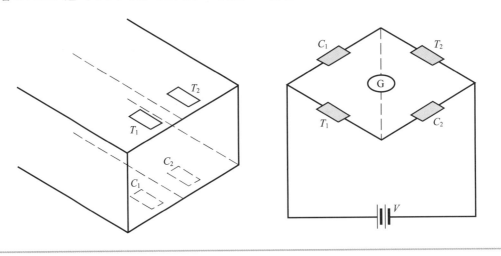

(5) 하중 측정장치의 보정(calibration)

하중 측정장치를 구성하기 위하여 휘트스톤 브리지의 검류계에서 측정된 전류 I_g와 로드 셀로부터 측정된 하중을 이용하여 하중 – 전류 관계를 선도로 나타낼 수 있다. 이 하중 – 전류 선도를 특성곡선이라 하고, 이 특성곡선을 구하는 것이 보정이다. 외팔보 재료의 특성곡선을 이용하여 스트레인 게이지의 출력전류로부터 하중을 계산할 수 있다.

그림 6.5 **보정곡선**

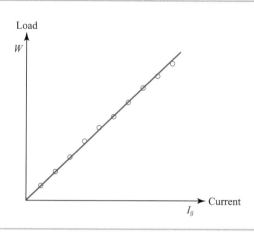

(6) 신호처리

일반적인 실험에서 실험장치, 특히 센서에서 출력되는 아날로그 신호들을 PC에서 처리할 수 있는 디지털 값으로 변환하거나, PC의 디지털 값을 계측기의 아날로그 신호로 변환시키는 장치가 A/D, D/A 컨버터이다.

A/D, D/A 컨버터를 PC에 접속하면 이들 컨버터를 경계로 수의 표현이 바뀌게 된다. 즉, A/D, D/A 컨버터로부터 PC에 가까운 부분에서는 디지털 값으로 처리되고, 컴퓨터에서 보았을 때 컨버터보다 바깥쪽에서는 아날로그 신호로 처리된다.

본 실험에서 측정되는 신호는 스트레인 게이지를 통하여 측정되는 아날로그 신호이므로, 위에서 설명한 A/D 변환을 거쳐 디지털 값으로 변환된다. 또, 스트레인 게이지를 통한 측정값과 로드 셀에 의한 측정값을 동시에 컴퓨터로 처리해야 하므로 멀티플렉싱(multiplexing) 과정을 수행한다.

그림 6.6 **처리신호의 변환과정**

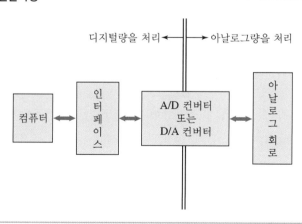

그림 6.7 **획득신호의 한 예**

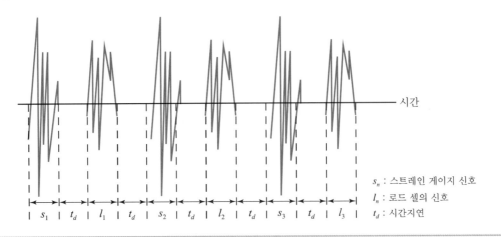

멀티플렉싱은 여러 신호를 동시에 처리하는 기법인데, 종류로는 TDM(Time Division Multiplexing)과 FDM(Frequency Division Multiplexing)이 있다. TDM은 그림 6.7과 같이 여러 신호를 시간지연을 두고 하나의 전송매체를 통하여 전달하는 방법이고, FDM은 주파수가 다른 반송파를 이용하여 신호를 처리하는 방법이다. 본 실험에서는 TDM 기법을 이용한다.

③ 실험장치

실험장치는 다음의 주요 기기, 장치 및 소프트웨어로 구성되어 있다.

- 수직형 이송장치(하중장치)
- 동변형 증폭기(dynamic strain amplifier)
- 인장압축용 로드 셀

그림 6.8 **하중장치의 개략도**

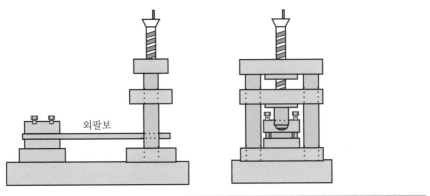

그림 6.9 **실험장치의 구성 및 신호전달 개념도**

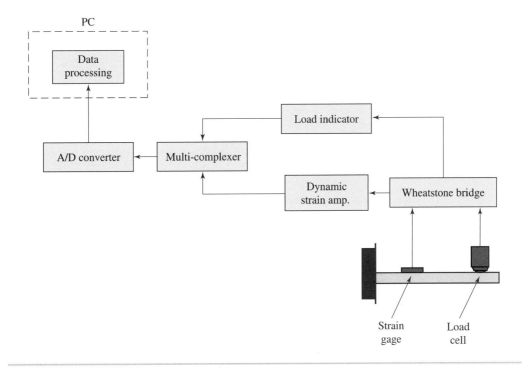

- 자료기록 및 분석 소프트웨어를 내장한 PC
- A/D 및 D/A 변환기: PC 내장형 DAQ 보드
- 실험재료: 스트레인 게이지 및 터미널, 접착제, 샌드페이퍼, 외팔보 재료

4 실험방법

1 스트레인 게이지 부착 및 구성

(1) 외팔보 재료의 스트레인 게이지를 부착할 부분을 샌드페이퍼로 잘 닦아낸다.

(2) 상하좌우 대칭위치를 표시하여 정확하게 4개의 게이지를 부착한다.

(3) 터미널과 리드선을 연결하고 휘트스톤 브리지에 연결하여 회로를 구성한다.

(4) 보 재료를 지지대에 구성하여 외팔보를 만든다.

(5) 하중장치의 프레스 선단(하중을 가하는 지점)에 로드 셀을 고정한다.

(6) 로드 셀의 휘트스톤 브리지 회로를 점검하고 동변형 증폭기에 연결한다.

(7) 하중을 가하기 전에 고정단으로부터 스트레인 게이지까지의 거리 a, 하중점까지의 거리 l을 측정한다.

2 변형률 측정 및 보정

(1) PC와의 결선을 확인하고 PC를 작동시킨다.
(2) 핸들을 돌려서 외팔보에 임의의 하중을 가하면서 로드 셀과 스트레인 게이지의 출력을 동시에 측정한다.
(3) 하중을 서서히 증가시키면서 측정을 10회 반복한다.
(4) 로드 셀의 하중을 측정하고, 이론식을 통하여 변형률을 계산한다.
(5) 스트레인 게이지의 전류 값으로부터 변형률을 측정한다(변형률 계산).
(6) 브리지 회로의 검류계에서 측정한 전류 값과 로드 셀에서 측정한 하중들로부터 하중 – 전류 관계 및 하중 – 변형률 관계를 그림과 식으로 나타낸다.

> 주의 하중을 너무 크게 가하면 로드 셀 또는 스트레인 게이지가 파손되거나 외팔보 재료가 영구변형을 일으킨다.

3 임의의 하중 측정

(1) 로드 셀을 제거한다.
(2) 하중장치를 여러 가지 방식(정, 동)으로 임의의 하중을 가한다.
(3) 각 하중에 대하여 변형률 값을 구한다.
(4) 변형률 값을 하중으로 환산한다.

4 탄성계수 측정(2. 변형률 측정 및 보정 참고)

(1) 미지의 탄성계수를 가진 외팔보 재료에 스트레인 게이지를 부착한다.
(2) 로드 셀을 장착하고 회로를 구성한다.
(3) 외팔보 재료에 하중을 가하면서 하중, 변형률, 처짐량을 측정한다.
(4) 하중 – 변형률 관계를 구한다.
(5) 하중으로부터 응력을 계산하여 응력 – 변형률 관계를 구하고, 그 기울기로부터 탄성계수를 계산한다.
(6) 고체역학 이론으로부터 (5)의 탄성계수를 이용하여 처짐량을 계산한다.

5 실험결과의 처리

(1) Turbo-C에서 strain.c 파일을 실행한다.
(2) 실행된 후 모니터에 나타나는 지시를 따라 위의 실험을 수행한다.

주의 모니터의 지시를 정확히 따르지 않을 경우, 실험 데이터가 섞이거나 실험이 중단되므로 주의해서 지시를 따라야 한다.

(3) 실험에서 얻어진 데이터를 저장한다.

(4) PC를 사용하여 실험에서 얻어진 데이터로부터 하중 – 전류의 선도를 그린다.

(5) PC를 사용하여 여러 가지 방식의 하중에 의한 데이터로부터 하중 – 시간, 하중 – 변형률의 선도를 그린다.

(6) 미지의 탄성계수를 가진 외팔보 재료의 응력 – 변형률 관계를 근사화된 1차 그래프로 그리고 기울기를 구한다.

(7) 탄성계수를 계산하고 재료의 종류를 추정한다.

5 실험결과 분석 및 고찰

위 실험에서 구해진 데이터를 이용하여 다음 항목에 대한 결과를 표와 그래프로 정리하고 주어진 각 항목에 대하여 고찰한다.

(1) 변형률 측정 및 보정

스트레인 게이지에 의하여 측정된 변형률과 로드 셀에서 주어진 하중과의 관계를 최소제곱법을 이용하여 그래프로 그린다. 여기서 실험에서 사용된 재료가 탄성인지 비탄성인지를 언급하고 그 이유를 설명한다. 만약 로드 셀의 하중으로부터 계산한 변형률과 스트레인 게이지로부터 측정한 변형률 사이에 오차가 발생한다면, 그 원인을 조사하고 실험에서 개선해야 할 사항들을 고찰한다.

(2) 임의의 하중 측정

스트레인 게이지에 의하여 측정된 변형률 값으로부터 하중장치에 가해진 임의의 하중을 구한다. 동하중일 경우에는 시간과 하중과의 관계 그래프를 구하여 그래프를 분석하고, 설정된 샘플링 타임과 구해진 그래프의 진폭 및 주기와의 관계를 고찰한다.

(3) 탄성계수 측정

응력 – 변형률 선도의 기울기로 탄성계수를 구한다. 구해진 탄성계수로 재료의 재질을 추정하고 평가한다. 실제 실험에서 사용한 외팔보 재료의 탄성계수를 기존 문헌에서 조사하고, 실험에서 구한 탄성계수와 비교하여 오차가 존재하는지를 파악한다. 만약 오차가 존재하면 그 원인을 분석하고 개선점을 고찰한다. 또, 이들 탄성계수(문헌조사와 실험측정)들을 이용하여 각각 계산한 이론 처짐량과 실험에서 측정한 처짐량과 서로 차이가 존재하면, 역시 그 원인을 분석하고 개선점을 고찰한다.

6 보고서 작성

실험보고서는 공학작문에서 학습한 보고서 작성요령을 기초로 하여 창의적이고 개성 있게 작성한다.

1 예비보고서

스트레인 게이지를 이용하여 변형률과 하중을 측정하는 실험에 들어가기 전에 기초이론과 실험에 사용될 장치의 기본원리를 이해하기 위하여 다음 항목을 중점적으로 예습하고 예비보고서를 작성한다.

(1) 스트레인 게이지의 종류와 특성에 대하여 조사하라.
(2) 브리지 회로를 구성하는 방법들과 각각의 장단점을 조사하라.
(3) 휘트스톤 브리지의 검류계에서 검출되는 전압을 유도하라.
(4) 스트레인 게이지의 부착과정에서 유의할 점에 대하여 조사하라.
(5) 외팔보의 임의의 점에서 응력, 변형률, 처짐량을 구하는 식을 유도하라.
(6) 동변형 증폭기의 특성과 신호의 A/D 변환, PC에 의한 데이터 기록방법을 조사하라.
(7) 정하중이 아닌 동하중을 가할 때, 동하중 속도(주파수)와 샘플링 타임과의 관계에 대하여 조사하라.

2 결과보고서

결과보고서는 아래 순서에 따라 각 장에 필요한 내용을 충실하고 간명하게 기술한다.

(1) 제목(표지)

(2) 실험목적 및 이론

실험목적과 실험내용 개요를 간명하게 서술한다.

(3) 실험장치 및 방법

실험에 사용되는 실험장치의 구성과 구성요소를 간결하게 소개하고, 실험방법의 핵심적인 내용을 간명하게 기술한다.

(4) 실험결과 분석 및 고찰

① 실험 데이터 및 조건정리

실험에서 측정한 자료와 실험환경을 포함한 실험조건을 모두 기록한다. 이 내용물은 실험활동의 핵심내용을 제시하는 것이 된다.

② 분석, 결과 종합 및 고찰

실험목적과 내용에 따라 실험 측정자료를 분석·종합하고 고찰한 내용을 기술한다. 분석과 종합을 하는 과정에서 측정자료를 곡선적합(curve fitting), 통계처리, 유도식을 이용한 2차 자료 산출 등의 실험 데이터 가공을 하는 경우에는 그 가공과정을 반드시 기술한다. 가능하면 측정, 분석자료를 표나 그림 등으로 분류·정리하여 제시하고, 표와 그림의 의미와 내용을 간명하게 나타내는 적합한 제목을 붙인다.

(5) 결론

실험에 의한 측정자료를 기초로 실험결과를 종합하고, 분석·검토·요약하며, 실험에 기초한 실험자 자신의 핵심(중요)결론을 간명하게 서술한다.

(6) 참고문헌

실험자가 실제 참고한 문헌을 대한기계학회 논문집의 참고문헌 기술양식에 따라서 수록한다.

◉ 참고문헌 ────────────────────────────────────

1. 한응교, 스트레인 게이지 이론과 응용, 1988.
2. 편집부, D-A, A-D 인터페이스 기술, 1991.
3. 김문생, 안득만, 이현우, 임오강, 정역학과 재료역학, 2009.
4. A. L. Window, Strain gauge technology, 2nd edition, 1992.
5. R. Pallas-Areny, J. W. Webster, sensors and signal conditioning, 1991.
6. J. G. Silva, A. A. Carvalho, D. D. Silva, A strain gauge tactile sensor for finger-mounted. applications, IEEE transactions on instrumentation and measurements, Vol. 5l(1), 2002.

기계시스템 운동의
가시화

❶ 실험목적

　다자유도 시스템의 운동방정식은 손으로 풀기가 불가능하므로 컴퓨터를 이용하여 운동방정식으로 풀어야 한다. 본 실험에서는 컴퓨터를 이용하여 기계시스템의 운동을 시뮬레이션하고, 시뮬레이션 결과를 가시화(animation)하는 예제를 통하여 컴퓨터를 이용한 시뮬레이션 방법을 배운다.

　해석의 예로서 1/2차량(half car model)을 모델링한 뒤, 노면의 요철로부터 기인한 지면반력이 타이어 및 현가장치(suspension)를 거치면서 어떻게 감소하는지 확인한다.

❷ 실험내용 및 이론적 배경

1 실험내용

　먼저 1 자유도 시스템을 이용하여 스프링과 댐퍼의 기능을 이해하고 부족감쇠(under- damped)와 과감쇠(over-damped)의 의미를 파악한다. 또한, 바퀴 하나와 차체로 이루어진 2 자유도 (degrees of freedom) 시스템인 1/4차량(quarter car model)에 대하여 분석한 후에 이를 바퀴 2 개와 차체로 이루어진 1/2차량으로 확대한다. 1/2차량은 차체의 수직방향 운동, 횡축 주위의 회전을 의미하는 피칭운동(pitching motion), 앞바퀴의 수직운동 및 뒷바퀴의 수직운동을 포함하게 된다.

　구성된 운동방정식을 풀기 위한 컴퓨터 프로그래밍을 간략히 소개하며, 컴퓨터 시뮬레이션을 수행하여 차량이 장애물(bump)을 통과할 때 생겨나는 운동을 파악한다. 차량의 동적응답을 그래프로 출력하여 분석하며, 차량의 실제 운동 모습을 컴퓨터로 가시화한다. 차량 서스펜션의 데이터를 바꾸어 가면서 서스펜션 스프링 및 댐퍼가 차량의 거동에 미치는 영향을 분석한다.

2 이론적 배경

(1) 시스템의 자유도

　시스템의 자유도란 시스템의 형상을 나타내는 데 필요한 최소한의 좌표수를 뜻한다. 그림 7.1 에 나타난 예제를 통해 자유도를 알아보자. 왼쪽의 단진자는 각도 θ만 알면 모양이 결정되므로 자유도는 1이다. 또한, 우측의 4절 기구도 크랭크(crank), 커플러(coupler) 및 종동절(follower) 의 길이가 정해진 상태에서 크랭크의 각도만 알면 전체 기구의 모양이 결정되므로 자유도가 1 이다.

그림 7.1 **시스템의 자유도**

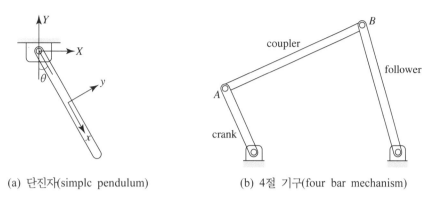

(a) 단진자(simplc pendulum) (b) 4절 기구(four bar mechanism)

(2) 스프링으로 연결된 1 자유도 시스템

수직방향으로만 운동하는 그림 7.2의 질량 – 스프링 – 댐퍼(mass-spring-damper) 시스템도 변위 x를 알면 형태가 정해지므로 자유도가 1이다. 시스템에 외력 $F(t) = F_o \cos \omega t$ 가 작용할 때 뉴턴의 운동방정식에 의해 다음과 같은 식을 얻을 수 있다.

$$m \ddot{x} + c \dot{x} + k x = F_0 \cos \omega t \qquad (7.1)$$

위의 방정식의 일반해 $x(t)$ 는 제차해(homogeneous solution) $x_h(t)$와 특이해(particular solution) $x_p(t)$의 합으로 나타난다.

제차방정식 $m \ddot{x} + c \dot{x} + k x = 0$의 해는 감쇠 c의 영향으로 시간이 경과하면 소멸되는데 이를 과도응답(transient response)이라고 하며, 소멸되는 형태는 감쇠의 크기에 따라 과감쇠(over damping), 임계감쇠(critical damping) 및 부족감쇠(under damping)에 따라 달라진다.

식 (7.1)의 특이해는 다음과 같이 표현될 수 있다.

그림 7.2 **질량–스프링–댐퍼 시스템**

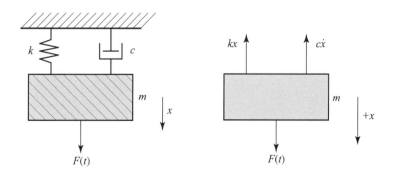

$$x_p(t) = X \cos{(\omega t - \phi)} \tag{7.2}$$

식 (7.2)를 식 (7.1)에 대입하면 다음 식을 얻는다.

$$X\left[(k - m\omega^2)\cos{(\omega t - \phi)} - c\omega \sin{(\omega t - \phi)}\right] = F_0 \cos{\omega t} \tag{7.3}$$

삼각함수의 성질을 이용해서 식을 정리하면 X와 ϕ를 구할 수 있다.

$$X = \frac{F_0}{\sqrt{(k - m\omega^2)^2 + c^2\omega^2}} \tag{7.4}$$

$$\phi = \tan^{-1}\left(\frac{c\omega}{k - m\omega^2}\right) \tag{7.5}$$

다음으로 고유진동수, 감쇠비, 진동수비의 개념을 도입하면 식 (7.4)는 다음의 형태로 나타낼 수 있다.

$$\frac{X}{\delta_{st}} = \frac{1}{\sqrt{\left[1 - \left(\dfrac{\omega}{\omega_n}\right)^2\right]^2 + \left[2\zeta\dfrac{\omega}{\omega_n}\right]^2}} = \frac{1}{\sqrt{(1 - r^2)^2 + (2\zeta r)^2}} \tag{7.6}$$

식 (7.6)을 진폭비(amplitude ratio), 증폭계수(amplification factor) 또는 확대계수(magnification factor)라 한다. 또한, 위상각 ϕ는 다음의 식으로 표현된다.

$$\phi = \tan^{-1}\left(\frac{2\zeta\dfrac{\omega}{\omega_n}}{1 - \dfrac{\omega}{\omega_n}^2}\right) = \tan^{-1}\left(\frac{2\zeta r}{1 - r^2}\right) \tag{7.7}$$

여기서, $\omega_n = \sqrt{\dfrac{k}{m}}$ 는 비감쇠 고유진동수(undamped natural frequency)

$\zeta = \dfrac{c}{2\sqrt{mk}} = \dfrac{c}{2m\omega_n}$ 는 감쇠비(damping ratio)

$\delta_{st} = \dfrac{F_0}{k}$ 는 정적 상태에서의 처짐(static deflection)

$r = \dfrac{\omega}{\omega_n}$ 는 진동수비(frequency ratio)

(3) 1/4차량의 운동방정식

그림 7.3에는 타이어와 차체(chassis)만으로 모델링된 1/4차량이 나타나 있다. 그림 7.3(a)는 차체와 타이어가 여러 개의 링크로 연결되어 있는 형태를 나타내고 있으며, 그림 7.3(b)는 차체와 타이어가 서스펜션 스프링 및 댐퍼로 연결되어 수직으로 움직이는 2차원 모델을 나타내고

그림 7.3 1/4차량 모델

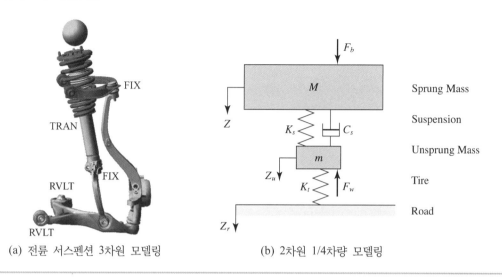

(a) 전륜 서스펜션 3차원 모델링　　　　(b) 2차원 1/4차량 모델링

있다. 서스펜션 스프링에 의해 지지되고 있는 질량을 스프링 윗질량(sprung mass), 아래쪽에 있는 질량을 스프링 아랫질량(unsprung mass)이라 한다. 그림에서는 스프링 윗질량을 M, 스프링 아랫질량을 m, 서스펜션 스프링의 강성(stiffness)을 K_s, 타이어의 강성을 K_t, 댐퍼의 감쇠계수를 C_s로 표시하였다.

이 시스템의 자유도는 얼마일까? 노면의 굴곡 Z_r은 노면이 정해지면 결정되는 값이며, 스프링 윗질량의 변위 z와 스프링 아랫질량의 변위 z_u를 알면 모양이 확정되므로 자유도는 2이다.

(4) 평면에서의 강체 운동방정식

질량이 m, 질량중심에 대한 질량 관성모멘트가 I인 강체의 질량중심 가속도를 $\vec{a} = a_x\vec{i} + a_y\vec{j}$, 각가속도를 α라 할 때 평면에서의 운동방정식은 다음과 같이 쓸 수 있다.

$$\sum F_x = ma_x \tag{7.8}$$

$$\sum F_y = ma_y \tag{7.9}$$

$$\sum M_z = I\alpha \tag{7.10}$$

위의 운동방정식에서 x, y방향의 병진운동과 z 축 주위의 회전운동이 독립적인 경우에는 시스템의 자유도가 3이 된다.

(5) 4자유도 시스템인 1/2차량

그림 7.3에는 타이어 1개가 차체와 연결되어 수직으로 운동하는 1/4차량을 나타내었다. 이제 차체의 앞쪽과 뒤쪽에 하나씩 2개의 타이어가 차체에 연결된 1/2차량의 자유도를 생각해 보자.

그림 7.4 **1/2차량의 모델**

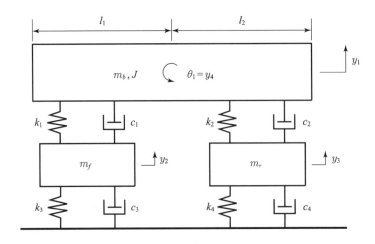

차체의 수직방향 변위와 횡축 주위의 회전인 피칭, 앞뒤 바퀴의 수직변위를 각각 1개씩 고려하면 시스템의 자유도는 4가 된다.

차체의 질량과 관성모멘트를 각각 m_b와 J, 전륜(front tire)의 질량과 수직변위를 각각 m_f와 y_2, 후륜(rear tire)의 질량과 수직변위를 각각 m_r과 y_3라 하면, 그림 7.4에 나타낸 1/2차량의 운동방정식은 다음과 같이 쓸 수 있다. 식 (7.11)에서 식 (7.14)까지 나타낸 운동방정식에서는 지면의 요철에 의한 타이어 반력은 고려하지 않았으나, 차량의 해석에서는 필수적으로 포함되어야 할 사항이다.

① 차체의 수직방향의 운동

$$m_b\ddot{y_1} = -k_1(y_1 - l_1 y_4 - y_2) - c_1(\dot{y_1} - l_1\dot{y_4} - \dot{y_2}) - k_2(y_1 + l_2 y_4 - y_3)$$
$$- c_2(\dot{y_1} + l_2\dot{y_4} - \dot{y_3}) \tag{7.11}$$

② 앞바퀴의 수직방향의 운동

$$m_f\ddot{y_2} = k_1(y_1 - l_1 y_4 - y_2) + c_1(\dot{y_1} - l_1\dot{y_4} - \dot{y_2}) - k_3 y_2 - c_3\dot{y_2} \tag{7.12}$$

③ 뒷바퀴의 수직방향의 운동

$$m_r\ddot{y_3} = k_2(y_1 + l_2 y_4 - y_3) + c_2(\dot{y_1} - l_2\dot{y_4} - \dot{y_3}) - k_4 y_3 - c_4\dot{y_3} \tag{7.13}$$

④ 차체의 회전운동 $\sum M = J\theta$

$$J\ddot{y_4} = k_1 l_1(y_1 - l_1 y_4 - y_2) + c_1 l_1(\dot{y_1} - \dot{y_2} - l_1\dot{y_4}) - k_2 l_2(y_1 + l_2 y_4 - y_3) \tag{7.14}$$

이 방정식들을 행렬형태로 적어보면 다음과 같다.

$$
\begin{bmatrix} m_b & 0 & 0 & 0 \\ 0 & m_f & 0 & 0 \\ 0 & 0 & m_r & 0 \\ 0 & 0 & 0 & J \end{bmatrix} \begin{pmatrix} \ddot{y}_1 \\ \ddot{y}_2 \\ \ddot{y}_3 \\ \ddot{y}_4 \end{pmatrix} + \begin{bmatrix} c_1+c_2 & -c_1 & -c_2 & -l_1c_1+l_2c_2 \\ -c_1 & c_1+c_3 & 0 & l_1c_1 \\ -c_2 & 0 & c_2+c_4 & -l_2c_2 \\ -l_1c_1+l_2c_2 & l_1c_1 & -l_2c_2 & l_1^2c_1+l_2^2c_2 \end{bmatrix} \begin{pmatrix} \dot{y}_1 \\ \dot{y}_2 \\ \dot{y}_3 \\ \dot{y}_4 \end{pmatrix}
$$

$$
+ \begin{bmatrix} k_1+k_2 & -k_1 & -k_2 & -l_1k_1+l_2k_2 \\ -k_1 & k_1+k_3 & 0 & l_1k_1 \\ -k_2 & 0 & k_2+k_4 & -l_2k_2 \\ -l_1k_1+l_2k_2 & l_1k_1 & -l_2k_2 & l_1^2k_1+l_2^2k_2 \end{bmatrix} \begin{pmatrix} y_1 \\ y_2 \\ y_3 \\ y_4 \end{pmatrix} = \begin{pmatrix} 0 \\ 0 \\ 0 \\ 0 \end{pmatrix} \tag{7.15}
$$

실제로 차량이 노면 위를 주행하는 경우에는 지면의 요철에 따라 타이어에 작용하는 힘이 변한다. 이때 "위의 운동방정식에 어떠한 항이 추가되어야 되는가?"를 생각해 보라(예비 리포트에 작성).

3 운동방정식의 해법

운동방정식을 시간에 대해 적분하면 위치, 속도, 가속도를 구할 수 있다. 컴퓨터를 사용하여 적분을 수행하는 알고리즘에는 여러 가지 종류가 있다. 어떤 방법들이 있는지 수치해석 교과서를 참조하여 정리하라(예비 리포트에 작성).

적분방법 중 가장 간단한 것으로는 오일러 방법(Euler method)을 들 수 있다. 오일러 방법은 다음 식과 같이 함수의 테일러 급수(Taylor series) 전개를 통해서 이해할 수 있다.

$$
x(t+\Delta t) = x(t) + \dot{x}(\Delta t) + \ddot{x}\frac{(\Delta t)^2}{2!} + \cdots \tag{7.16}
$$

위의 식에서 1차 미분항까지만 고려하여 적분하는 알고리즘이 오일러 방법이다. 이 방법은 고려하지 않고 잘려나가는 항이 $(\Delta t)^2$에 비례하므로 오차가 크게 된다. 오차를 줄이기 위하여 테일러 급수의 고차항까지 고려하면 오차는 줄일 수 있으나, 고차항의 계산에 많은 시간이 소요되므로 효율성이 떨어진다.

고차항을 계산하지 않고서도 적분의 오차를 줄일 수 있는 대표적인 방법으로는 룬지 쿠타 (Runge-Kutta) 알고리즘을 들 수 있으며, 이 방법에서는 다음과 같이 적분을 수행한다.

$$
X_{i+1} = X_i + \frac{1}{6}[K_1 + 2K_2 + 2K_3 + K_4] \tag{7.17}
$$

여기서, $K_1 = hF(X_i,\ t_i)$ (7.18)

$$
K_2 = hF\left(X_i + \frac{1}{2}K_1,\ t_i + \frac{1}{2}h\right) \tag{7.19}
$$

$$
K_3 = hF\left(X_i + \frac{1}{2}K_2,\ t_i + \frac{1}{2}h\right) \tag{7.20}
$$

$$K_4 = hF(X_i + K_3, \, t_{i+1}) \tag{7.21}$$

여기에서 K_1과 $F(X_i, \, t_i)$가 의미하는 바와 이 방법에서는 오차가 Δt의 몇 제곱에 비례하는지 확인해 보라(예비 리포트에 작성).

3 실험장치

1 하드웨어

(1) 컴퓨터

해석에 사용되는 프로그램은 C 언어로 짜여져 있다.

(2) 출력장치

해석의 결과(그래프 및 움직이는 장면)를 출력할 때 사용한다.

2 소프트웨어

(1) 운동방정식

4 자유도 시스템인 1/2차량의 운동방정식이 만들어져 있다.

(2) 해석결과의 그래프

해석이 완료되면 해석결과의 그래프를 그릴 수 있다.

(3) 가시화

차량의 운행 모습이 컴퓨터 화면에 나타난다.

4 실험방법

먼저 예비 리포트를 작성하여 진동의 주파수, 감쇠기의 효능, 운동방정식을 푸는 컴퓨터 알고리즘에 대한 기본지식을 갖춘다. 실험에 참여하는 조교는 학생들로 하여금 다음 절에서 언급되는 형식의 예비 리포트를 실험 시작 전에 제출하도록 주지시킨다.

다음으로 컴퓨터 스위치를 켜서 프로그램을 실행시킬 준비를 한다. 작동순서에 따라 1/2차량의 자동차 모델을 컴퓨터에서 만드는데, 컴퓨터에 입력된 수치들은 국내에서 생산되었던 중형

승용차의 모델에서 가져온 값들이므로 실제 치수라고 생각해도 큰 오차가 없다.

실험은 (i) 차량이 정상상태인 경우, (ii) 뒤쪽 서스펜션의 댐퍼에 이상이 있는 경우, (iii) 뒤쪽 서스펜션의 스프링에 이상이 있는 경우에 대하여 3회 이상 수행하며, 각 경우의 차량 거동변화를 분석하여 스프링과 댐퍼의 실제 차량에서의 역할을 분석한다. 구체적인 실험의 방법 및 순서는 다음과 같다.

1 주어진 자료를 사용한 차량의 시뮬레이션

주어진 차량의 자료를 이용하여 단순장애물(single bump)을 통과하는 경우의 차량의 동적응답을 그려본다. 실험에서는 장애물의 폭과 높이가 주어져 있으나, 폭과 높이를 변경시키면서 응답을 비교해 보는 것도 재미있을 것이다. 주어진 장애물에서 차량의 속도를 계속 증가시키면 차량의 응답은 어떻게 되겠는가? 자신이 직접 운전한다면 얼마의 속도로 장애물을 통과하겠는가?

기본자료를 사용한 시뮬레이션에서 다음의 값들을 확인하고, 필요하다면 그래프로 출력한다.

- 차량의 속도
- 장애물의 크기(폭, 높이, 형상)
- 차체의 수직위치, 속도 및 수직가속도
- 차체의 회전각(pitching angle), 회전각속도 및 각가속도
- 앞쪽 바퀴의 수직위치, 속도 및 가속도
- 뒤쪽 바퀴의 수직위치, 속도 및 가속도

2 뒤쪽 서스펜션의 감쇠계수를 1/10로 줄인 경우의 시뮬레이션

뒤쪽 서스펜션의 감쇠계수가 1/10로 줄어든 차량이 같은 장애물을 통과할 때 차량의 동적응답을 확인한다. 또한, 감쇠계수가 줄어들지 않은 경우와 비교하여 감쇠기의 영향을 분석한다.

- 차량의 속도
- 장애물의 크기(폭, 높이, 형상)
- 차체의 수직위치, 속도 및 수직가속도
- 차체의 회전각, 회전각속도 및 각가속도
- 앞쪽 바퀴의 수직위치, 속도 및 가속도
- 뒤쪽 바퀴의 수직위치, 속도 및 가속도
- 감쇠계수가 줄어들지 않은 경우와의 비교 및 차이점
- 감쇠기의 영향은 어떻게 나타나는가?

3 뒤쪽 서스펜션의 스프링상수를 1/10로 줄인 차량의 시뮬레이션

뒤쪽 서스펜션의 스프링상수가 1/10로 줄어든 차량이 같은 장애물을 통과할 때 차량의 동적응답을 확인한다. 또한, 스프링상수가 줄어들지 않은 경우와 비교하여 서스펜션 스프링의 영향을 분석한다.

- 차량의 속도
- 장애물의 크기(폭, 높이, 형상)
- 차체의 수직위치, 속도 및 수직가속도
- 차체의 회전각, 회전각속도 및 각가속도
- 앞쪽 바퀴의 수직위치, 속도 및 가속도
- 뒤쪽 바퀴의 수직위치, 속도 및 가속도
- 스프링상수가 줄어들지 않은 경우와의 비교 및 차이점
- 스프링의 영향은 어떻게 나타나는가?

5 실험결과 분석 및 고찰

시뮬레이션 결과로 나온 그래프를 비교하여 그 차이 및 물리적 의미를 확인하고, 동역학 및 진동학에서 얻어진 지식과 맞추어 본다.

1 주어진 자료를 사용한 차량의 거동분석

단순장애물을 통과하는 경우의 차체의 수직방향 위치, 차체의 피칭운동, 뒷바퀴의 수직운동을 나타내는 그래프로부터 다음 값들을 계산한다.

- 차체의 수직방향 속도의 그래프로부터 수직운동의 진동수 및 감쇠
- 차체의 회전속도의 그래프로부터 진동수 및 감쇠
- 뒤쪽 바퀴의 수직방향 속도의 그래프로부터 수직방향 운동의 진동수 및 감쇠

계산된 값이 컴퓨터 입력에서 준 값들과 비교하여 맞는지 확인한다.

2 뒤쪽 서스펜션의 감쇠계수를 1/10로 줄인 차량의 거동분석

뒤쪽 서스펜션의 감쇠계수가 1/10로 줄어든 차량이 같은 장애물을 통과하는 경우, 차량의 동적응답을 이용하여 다음 값들을 계산한다.

- 차체의 수직방향 속도의 그래프로부터 수직운동의 진동수 및 감쇠
- 차체의 회전속도의 그래프로부터 진동수 및 감쇠
- 뒤쪽 바퀴의 수직방향 속도의 그래프로부터 수직방향 운동의 진동수 및 감쇠

계산한 값이 컴퓨터 입력에서 준 값들과 비교하여 맞는지 확인한다. 또한, 감쇠계수를 줄이지 않은 모델과의 차이를 분석한다. 수직운동의 진동수는 차이가 나는가? 감쇠되는 경향은 어떻게 달라지는가?

3 뒤쪽 서스펜션의 스프링상수를 1/10로 줄인 차량의 거동분석

뒤쪽 서스펜션의 스프링상수를 1/10로 줄인 차량이 같은 장애물을 통과하는 경우, 차량의 동적응답을 이용하여 다음 값들을 계산한다.

- 차체의 수직방향 속도의 그래프로부터 수직운동의 진동수 및 감쇠
- 차체의 회전속도의 그래프로부터 진동수 및 감쇠
- 뒤쪽 바퀴의 수직방향 속도의 그래프로부터 수직방향 운동의 진동수 및 감쇠

컴퓨터 입력에서 준 값들과 비교하고 스프링상수를 줄이지 않은 모델과의 차이를 분석한다. 수직운동의 진동수는 차이가 나는가? 감쇠되는 경향은 어떻게 달라지는가?

6 보고서 작성

실험보고서는 공학작문에서 학습한 보고서 작성요령을 기초로 하여 창의적이고 개성 있게 작성한다.

1 예비보고서

다음과 같은 내용을 공부하여 요약·정리한다.

(1) 1 자유도 시스템에서 고유진동수 및 감쇠계수
  ① 1 자유도 시스템의 그림
  ② 고유진동수, 감쇠비
  ③ 부족감쇠, 과감쇠의 정의 및 물리적 의미
  ④ 차량의 설계에서는 부족감쇠와 과감쇠 중에서 어느 것을 택해야 할까? 그 이유는 무엇인가?

(2) 그림 7.4에 나타난 1/2차량에서 외란이 있을 경우의 운동방정식을 유도하라. 이때, 외란 $F(t)$는 노면요철로 인해 타이어에 가해지는 지면력으로 $F_0 \cos \omega t$로 가정하라.

(3) 컴퓨터를 사용하여 적분을 수행하는 알고리즘들에 대해 조사하라. 또한, 룬지 쿠타 알고리즘에서 K_1과 $F(X_i,\ t_i)$는 무엇을 의미하는지 알아보라.

(4) 자동차로 시골길을 달리다가 웅덩이가 있는 것을 모르고 빠른 속도로 통과하였다. 이후의 자동차는 어디에 이상이 생길 수 있을까? 아마도 서스펜션 부품에 이상이 생길 것이다. 이 상황을 시뮬레이션해 볼 수 있겠는가?

2 결과보고서

결과보고서는 아래 순서에 따라 각 장에 필요한 내용을 충실하고 간명하게 기술한다.

(1) 제목(표지)

(2) 실험목적 및 이론

실험목적과 실험내용 개요를 간명하게 서술한다.

(3) 실험장치 및 방법

실험에 사용되는 실험장치의 구성과 구성요소를 간결하게 소개하고, 실험방법의 핵심적인 내용을 간명하게 기술한다.

(4) 실험결과 분석 및 고찰

① 실험 데이터 및 조건정리

실험에서 측정한 자료와 실험환경을 포함한 실험조건을 모두 기록한다. 이 내용물은 실험활동의 핵심내용을 제시하는 것이 된다.

② 분석, 결과 종합 및 고찰

실험목적과 내용에 따라 실험 측정자료를 분석·종합하고 고찰한 내용을 기술한다. 분석과 종합을 하는 과정에서 측정자료를 곡선적합(curve fitting), 통계처리, 유도식을 이용한 2차 자료 산출 등의 실험 데이터 가공을 하는 경우에는 그 가공과정을 반드시 기술한다. 가능하면 측정, 분석자료를 표나 그림 등으로 분류·정리하여 제시하고, 표와 그림의 의미와 내용을 간명하게 나타내는 적합한 제목을 붙인다.

(5) 결론

실험에 의한 측정자료를 기초로 실험결과를 종합하고, 분석·검토·요약하고, 실험에 기초한 실험자 자신의 핵심(중요)결론을 간명하게 서술한다.

(6) 참고문헌

실험자가 실제 참고한 문헌을 대한기계학회 논문집의 참고문헌 기술양식에 따라서 수록한다.

● 참고문헌

1. J. L. Meriam & L. G. Kraige, ENGINEERING MECHANICS Vol. 2 Dynamics 2nd ed., Wiley, 1989.

2. Singiresu S. Rao, MECHANICAL VIBRATIONS 2nd ed., Addition Wesley, 1990.

3. William H. Press, Numerical Recipes in C ... the art of scientific computing 2nd ed., Cambridge, 1993.

4. Peter V. O'Neil, Advanced Engineering Mathematics 3rd ed., Wadsworth, 1991.

5. J. F. James, A student guide to fourier transforms, Cambridge, 1995.

6. 지영준, 김화준, 허정권, C로 구현한 수치 해석, 높이깊이, 1994.

7. 임인건, 터보 C 정복, 가남사, 1994.

8. 서종한, 신현철, Turbo C 그래픽 입문과 활용, 영진출판사, 1993.

실험

8

기초 진동실험

① 실험목적

진동실험은 이론적 해석이 어려운 동역학 시스템을 해석하거나 이론적 해석법과 병행하여 상호보완적으로 사용된다. 본 실험에서는 1 자유도 강체보 진동계의 자유진동, 강제진동 실험과 질량체가 달린 외팔보로 구성된 단순 진동구조물의 충격 가진실험을 통하여 이론적으로 습득한 역학구조물의 진동 특성에 관한 관념적 이해를 실제적으로 체험함으로써 진동계의 동적거동 특성에 대한 이해를 명확하게 한다. 또한, 진동계의 시간역 진동 특성과 주파수역 진동 특성을 실험적으로 해석하는 과정을 통해 진동계의 가진, 가진력 및 응답신호의 취득, 신호처리 방법 및 진동계 해석에 필요한 기초 실험장치의 사용법과 개념들을 체험적으로 익히게 한다.

② 1 자유도 강체보 진동실험

1 실험내용 및 이론적 배경

(1) 실험내용

본 실험에서는 그림 8.1에 보여주는 강체보와 스프링, 점성 감쇠기로 구성된 1 자유도 진동구조물의 자유진동과 강제진동 특성을 실험적으로 측정하고 분석한다. 자유진동 실험에서는 강체보에 초기 처짐변위를 부과하여 자유진동 응답을 발생시켜서 진동주기와 진동파형을 측정한다. 강제진동 실험에서는 보에 설치된 가진 모터를 작동하여 불평형 관성력에 의한 조화 가진력을 발생시켜 진동계를 가진시키고, 그에 따른 조화 가진 응답을 측정·분석한다. 자유진동 실험에서는 고유진동수와 감쇠비를 구하고 이 직접 측정 데이터로부터 미지의 진동계 파라미터, 즉 질량 관성모멘트, 스프링상수, 감쇠값을 구한다. 그리고 강제진동 실험에서는 동확대율(magnification factor) 및 위상각(phase)을 측정하고, 이로부터 고유진동수와 감쇠비를 구한다.

그림 8.1 **강체보 1 자유도 진동계**

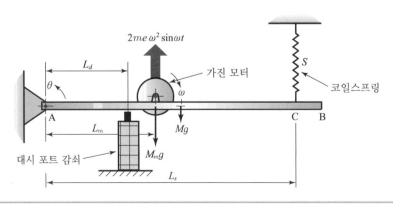

(2) 이론적 배경

그림 8.1의 실험 대상 진동계는 비교적 간단한 구조의 1 자유도 회전진동계로 운동방정식을 정식화해서 이론적으로 진동 특성을 해석할 수 있다.

운동방정식 정식화에서 강체보의 회전지지부에서의 회전마찰은 무시하고, 보를 지지하고 있는 코일스프링과 대시 포트(dash pot) 감쇠기는 선형성을 가지는 것으로 가정한다. 회전지지점을 A로 하면, A점에 대한 회전운동 방정식은

$$I_A \ddot{\theta} + C_t \dot{\theta} + K_t \theta = T_e \sin wt \tag{8.1}$$

가 된다. 이 식에서

$$I_A = ML^2/3 + M_m L_m^2 \; , \; C_t = CL_d^2, \; K_t = KL_s^2, \; T_e = 2me\omega^2 L_m$$

이고, M은 강체봉의 질량, C는 감쇠기의 감쇠상수, K는 스프링의 스프링상수, m은 불평형 질량(불평형 원판의 구멍 부분에 해당하는 질량; 불평형 원판 2장), ω는 가진 모터의 1초당 회전수를 2π로 나눈 값, e는 불평형 질량의 편심거리(불평형 원판의 구멍까지의 반지름), L_m은 가진 모터의 부착거리를 나타낸다. 또한, T_e는 가진 모터의 불평형 질량 가진력, $2me\omega^2$이 회전중심점 A에 대해 만들어 내는 모멘트의 진폭이다.

(1) 자유진동

자유진동은 가진 모터를 정지상태에서 강체보에 초기 각변위 θ_o와 초기 각속도 $\dot{\theta}_o$가 주어질 때 발생하는 진동계의 관성, 강성, 그리고 감쇠값에 의해서 결정되는 고유진동 현상이다. 모터가 정지상태이므로 식 (8.1)에서 $T_e = 0$이 되어, 자유진동 운동방정식은

$$I_A \ddot{\theta} + C_t \dot{\theta} + K_t \theta = 0 \tag{8.2}$$

이 된다. 이 진동계의 자유진동은 질량 관성모멘트 I_A, 회전강성 K_t, 감쇠값 C_t의 상대적 크기에 따라 과감쇠, 임계감쇠, 또는 부족감쇠의 서로 다른 진동형태를 보인다. 초기 각변위 $\theta(0) = \theta_o$와 초기 각속도 $\dot{\theta}(0) = \dot{\theta}_o$를 주었을 경우, 과감쇠, 부족감쇠, 그리고 임계감쇠 자유진동은 다음 식들로 나타난다.

■ 부족감쇠 자유진동

$$\theta(t) = e^{-\zeta \omega_n t} \left(\frac{\dot{\theta}_o + \zeta \omega_n \theta_o}{\omega_d} \sin \omega_d t + \theta_o \cos \omega_d t \right) \tag{8.3}$$

■ 임계감쇠 자유진동

$$\theta(t) = [\theta_o + (\dot{\theta}_o + \omega_n \theta_o)t] e^{-\omega_n t} \tag{8.4}$$

그림 8.2 **자유진동 응답 곡선**

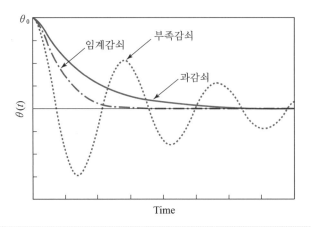

■ 과감쇠 자유진동

$$\theta(t) = e^{-\zeta\omega_n t}\left[\frac{\theta_o \omega_n(\zeta + \sqrt{\zeta^2-1}) + \dot{\theta}_o}{2\omega_n\sqrt{\zeta^2-1}}e^{\omega_n\sqrt{\zeta^2-1}\,t}\right.$$

$$\left. - \frac{\theta_o\omega_n(\zeta-\sqrt{\zeta^2-1}) - \dot{\theta}_o}{2\omega_n\sqrt{\zeta^2-1}}e^{-\omega_n\sqrt{\zeta^2-1}\,t}\right] \tag{8.5}$$

여기서, $\omega_n = \sqrt{\dfrac{K_t}{I_A}}$ 는 고유진동수, $\zeta = \dfrac{C_t}{2\sqrt{I_A K_t}}$ 는 감쇠비이다.

그림 8.2는 $\theta(0) = \theta_o$, $\dot{\theta}(0) = 0$의 경우의 세 가지 자유진동 유형을 보여준다.

자유진동 실험을 통해서 진동주기와 진폭감소율을 측정할 수 있다. 이 직접 측정자료를 사용하여 진동계의 고유진동 특성, 즉 고유진동수 ω_n과 감쇠비 ζ를 찾아낼 수 있다. 자유진동 실험을 통해 고유진동수를 측정하려면 반드시 부족감쇠 조건으로 진동실험을 해야 한다. 이때, 측정된 진동수는 감쇠 고유진동수 $f_d(\text{Hz})$이고, 이것을 원주파수(circular frequency)로 표현하면 $\omega_d = 2\pi f_d = \omega_n\sqrt{1-\zeta^2}\,(\text{rad/s})$이 된다. 이 관계식으로부터 비감쇠 고유진동수 ω_n을 구하려면 감쇠비 ζ를 알아야 한다. 감쇠비 ζ는 자유진동진폭의 대수감쇠율(logarithmic decrement)을 측정하여 구할 수 있다[식 (8.31) 참조].

대수감소율은 부족 감쇠진동의 인접진폭비를 자연대수값으로 변환한 값으로, 다음 식으로 계산한다.

$$\delta = \ln\frac{\theta_i}{\theta_{i+1}} \tag{8.6}$$

여기서 θ_i는 i번째 진폭, θ_{i+1}은 $i+1$번째 진폭이다. 이 값을 이용하여 감쇠비 ζ를 다음 식으로 계산한다.

$$\zeta = \frac{\delta}{\sqrt{(2\pi)^2 + \delta^2}} \qquad (8.7)$$

측정한 f_d와 계산된 ζ를 다음 식에 대입하여 고유진동수 ω_n을 구한다.

$$\omega_n = \frac{f_d}{2\pi\sqrt{1 - \zeta^2}} \; [\mathrm{rad/s}] \qquad (8.8)$$

(2) 강제진동

조화 가진모멘트 $T_e \sin\omega t$에 의한 강제 진동응답은 다음과 같다.

$$
\begin{aligned}
\theta(t) &= \frac{2me\omega^2 L_m}{\sqrt{(K_t - I_A\omega^2)^2 + (C_t\omega)^2}} \sin(\omega t - \phi) \\
&= \frac{2me L_m \omega^2/K_t}{\sqrt{(1 - (\omega/\omega_n)^2)^2 + (2\zeta\omega/\omega_n)^2}} \sin(\omega t - \phi) \\
&= \frac{2me L_m \omega^2/K_t}{\sqrt{(1 - r^2)^2 + (2\zeta r)^2}} \sin(\omega t - \phi) \\
&= \Theta \sin(\omega t - \phi) \qquad (8.9)
\end{aligned}
$$

여기서 r은 진동수비 $\dfrac{\omega}{\omega_n}$를 나타내고, ϕ는 가진모멘트와 응답각변위 사이의 위상각으로

$$
\begin{aligned}
\phi &= \tan^{-1}\left(\frac{C_t\omega}{K_t - I_A\omega^2}\right) \\
&= \tan^{-1}\left(\frac{2\zeta\omega/\omega_n}{1 - (\omega/\omega_n)^2}\right) = \tan^{-1}\left(\frac{2\zeta r}{1 - r^2}\right) \qquad (8.10)
\end{aligned}
$$

이다. 동적 응답진폭 Θ를 정적 각변위 $\Theta_s = 2me\omega^2 L_m/K_t$으로 나누면

$$
\begin{aligned}
R = \Theta/\Theta_s &= \frac{1}{\sqrt{(1 - (\omega/\omega_n)^2)^2 + (2\zeta\omega/\omega_n)^2}} \qquad (8.11) \\
&= \frac{1}{\sqrt{(1 - r^2)^2 + (2\zeta r)^2}}
\end{aligned}
$$

이 되는데, 이 값을 확대율(magnification factor) 또는 진폭비(amplitude ratio)라고 부른다. 정적각변위는 불평형력 모멘트 $T_e = 2me\omega^2 L_m$ 이 정적으로 가해진다고 가정하는 경우에 발생하는 변위이다. 그림 8.3은 확대율 R과 위상각 ϕ를 감쇠비 ζ와 진동수비 ω/ω_n에 대해 도시한 것이다.

그림 8.3 **확대율 및 위상각 선도**

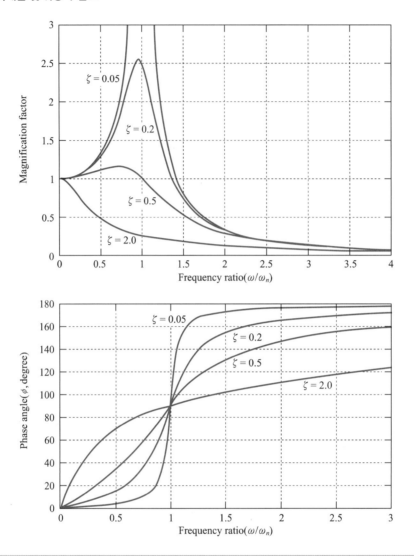

2 실험장치

실험장치는 그림 8.4에 보여주는 것과 같이 외곽 지지 프레임에 강체보의 한 끝을 피벗(pivot)
지지시키고, 보의 세 지점에 점성감쇠기, 코일스프링, 그리고 가진모터를 각각 설치한 1 자유도
회전진동계로 구성되어 있다. 가진력을 발생시키는 가진모터의 회전속도는 속도제어기(speed
control unit)로 조정하며, 발생진동은 강체보 끝단에 부착된 펜이 일정 속도로 회전하는 기록
회전드럼 위의 기록지에 기록한다. 가진력은 가진모터에 부착한 불평형 원판의 회전원심력에 의
해서 발생한다.

그림 8.4 **강체보 진동 실험장치**

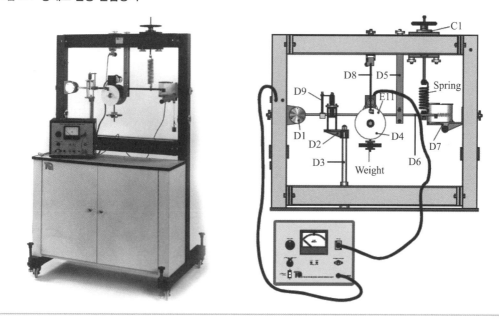

(1) 강체보 - 대시 포트(dash pot) 감쇠기 - 코일스프링 진동계

회전강체보는 길이 L, 질량 M을 갖는 강철재 4각보이다. 실제로 진동 중에 강체보는 매우 작지만 탄성변형을 한다. 하지만 저속진동에서는 그 크기가 강체운동(rigidbody motion)에 비해 아주 작기 때문에 무시할 수 있다. 감쇠기는 점성유체를 채운 대시 포트로 보의 임의 위치에 조립 설치하여 감쇠효과를 조정할 수 있도록 되어 있다. 감쇠 값, 즉 감쇠상수(damping coefficient)는 대시 포트 내부에 두 오리피스 플레이트를 상대 회전시켜서 오리피스 면적을 바꾸어 조정할 수 있다. 코일스프링은 각기 서로 다른 강성을 갖는 세 가지 스프링이 준비되어 있다.

(2) 가진모터 및 속도제어기

가진모터에는 두 장의 불평형 원판이 설치되어 있다. 이 불평형 원판에 의해서 강체보에 가진력이 전달된다. 가진모터는 속도제어기로 구동하는데, 모터에 걸리는 부하변동에 영향을 받지 않고 3,000 rev/min까지 정밀 속도제어가 가능하다. 속도제어기 전면 패널에는 속도제어 노브(knob), 속도계(speed meter)가 달려 있고, 그 외에 전원 입력(main input), DC 모터 출력, 그리고 스트로보스코프, 드럼 차트 기록기 등의 보조 외부장치 전원출력을 위한 소켓이 달려 있다.

(3) 위상각 측정판

위상각 측정판은 강제진동 실험에서 불평형 가진력 방향과 강제 진동응답 사이의 위상을 측정하는 데 사용한다. 위상각 측정판은 가진모터의 불평형 질량판 위에 부착한 기록종이판이다.

그림 8.5 **위상각 측정판**

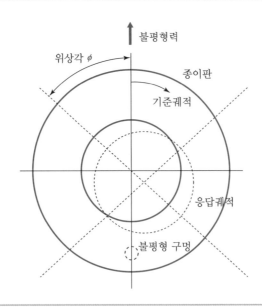

가진모터 바로 위의 프레임에 설치된 기록펜을 종이판 위에 내려 놓으면, 불평형 원판이 회전함에 따라 원을 그린다. 먼저, 저속에서 모터를 회전시켜 위상각 기준궤적원을 그리게 하고, 기록지 위에 그려진 기준궤적원의 중심점과 불평형 원판의 불평형 구멍 위치를 표시한다. 그 다음 위상각을 측정하고자 하는 특정 실험회전수에서 같은 작업을 반복하여 새롭게 응답궤적원을 그리게 한다. 두 개의 원이 그려진 기록지를 떼어내서 기준원에 표시된 두 점을 잇는 직선을 작도하고, 측정회전수에서 그려진 원의 중심과 기준원 중심을 연결하는 선을 그린다. 최종으로 그려진 결과 그림을 그림 8.5에 나타내었다. 이 그림에서 기준원의 중심 – 구멍점 연결선과 두 원의 중심점 연결선 사이의 각도가 위상각이 된다.

(4) 드럼 차트 기록기

차트 기록기는 속도제어기에 연결된 회전드럼과 그 위에 감겨지는 기록지, 그리고 강체봉 끝단에 부착된 기록펜으로 구성되어 강체봉 끝단의 진동변위를 기록한다. 기록된 진동신호의 진동수를 계산하기 위해서는 기록지의 속도를 알아야 한다. 이 속도는 20초 정도 드럼을 회전시켜 기록지에 기록된 선의 길이를 측정하고 걸린 시간 20초로 나눈 값으로 구할 수 있다.

3 실험방법

(1) 자유진동

먼저 감쇠기 없이 비감쇠 자유진동을 시행하고, 감쇠기를 설치하여 감쇠 자유진동 실험을 시행한다. 각 실험을 통해 고유진동수를 측정하고 비교·분석하며, 강체보의 질량 관성모멘트, 그리고 감쇠상수를 관계식을 이용하여 간접적으로 구한다. 스프링상수는 정적 변형실험을 통해 구한다.

- ■ 실험순서
  - ① 비감쇠 자유진동
    - 먼저 설치할 스프링의 스프링상수를 스프링 변형실험을 통해서 구한다.
    - 강체보에 스프링을 보 우측 끝단에 설치한다.
    - 차트 기록기 모터 전원선을 속도제어기 전면 패널의 보조 전원공급 소켓에 연결하고, 속도 제어기 전원을 켠다.
    - 강체보 우측 끝단을 아래로 약간 잡아당겨 초기 각변위를 주었다가 놓아주어 자유진동을 발생시킨다.
    - 진동발생 직후 차트 기록기의 펜을 기록지 위에 접촉시켜 발생진동 변위궤적을 기록한다.

  - ② 감쇠 자유진동
    - 강체보에 스프링을 보 우측 끝단에 설치하고, 감쇠기는 보의 내부에 설치한다.
    - 차트 기록기 모터 전원선을 속도제어기 전면 패널의 보조 전원공급 소켓에 연결하고, 속도 제어기 전원을 켠다.
    - 강체보 우측 끝단을 아래로 약간 잡아당겨 초기 각변위를 주었다가 놓아주어 자유진동을 발생시킨다.
    - 진동발생 직후 차트 기록기의 펜을 기록지 위에 접촉시켜 발생진동 변위궤적을 기록한다.

(2) 강제진동

강제진동 실험에서는 확대율, 즉 동응답/정응답 진폭비와 응답위상각을 구한다.

- ■ 실험순서
  - ① 비감쇠 강제진동
    - 강체보 우측 끝단에 스프링을 설치하고, 감쇠기 없이 비감쇠 강제진동계를 구성한다. 가진 모터 속도제어기의 전원스위치를 켠다.
    - 응답 위상 측정을 위해 가진기 원판(불평형 원판) 위에 원판 궤적 기록지를 붙이고, 프레임 위 측 보에 설치된 기록펜을 기록지 위에 위치시킨다.
    - 아주 낮은 속도로 원판을 회전시켜 궤적지 위에 기준궤적을 그리게 한 다음, 원판에 나 있는 구멍의 위치를 궤적 위에 표시한다.
    - 가진모터의 속도를 저속에서 모터 가진주파수가 진동계의 고유진동수를 넘어서는 고속까지 일정속도 간격으로 높여가면서, 가진 주파수에 따라 응답기록지에 기록되는 진동진폭과 모터 불평형 원판 위의 위상기록지에 기록되는 위상각을 측정한다.

② 감쇠 강제진동

- 강체보에 감쇠기를 설치하여 감쇠진동계를 구성하고, 가진모터 속도제어기의 전원스위치를 켠다.
- 응답 위상측정을 위해 가진기 원판(불평형 원판) 위에 원판 궤적 기록지를 붙이고, 프레임 위측 보에 설치된 기록펜을 기록지 위에 위치시킨다.
- 아주 낮은 속도로 원판을 회전시켜 궤적지 위에 기준궤적을 그리게 한 다음, 원판에 나 있는 구멍의 위치를 궤적 위에 표시한다.
- 가진모터의 속도를 저속에서 모터 가진주파수가 진동계의 고유진동수를 넘어서는 고속까지 일정속도 간격으로 높여가면서, 가진 주파수에 따라 응답기록지에 기록되는 진동진폭과 모터 불평형 원판 위의 위상기록지에 기록되는 위상각을 측정한다.

4 실험결과 분석 및 고찰

(1) 자유진동

- 비감쇠 자유진동

  ① 기록지에 기록된 진동궤적으로부터 고유진동수 $f_n = \dfrac{\omega_n}{2\pi}$ (Hz)을 판독한다.

  ② 변형실험을 통해 측정한 스프링상수와 ①에서 구한 데이터를 이용하여 강체보의 질량 관성모멘트 I_A를 구한다.

  ③ 강체보의 질량 관성모멘트를 이론적으로 계산하고 ②에서 구한 값과 비교한다.

- 감쇠 자유진동

  ① 기록지에 기록된 진동변위 궤적으로부터 감쇠 고유진동수 f_d(Hz)와 인접 진폭비

  $$\frac{x_i}{x_{i+1}} = \frac{L\theta_i}{L\theta_{i+1}}$$ 를 판독한다.

  ② 앞의 이론식을 이용하여 비감쇠 고유진동수 ω_n, 감쇠비 ζ를 구한다.

  ③ 변형실험을 통해 측정한 스프링상수와 ②에서 구한 데이터를 이용하여 강체보의 질량 관성모멘트 I_A와 감쇠기의 감쇠상수 C를 구한다.

  ④ 이론해석, 비감쇠 자유진동 실험, 그리고 감쇠 자유진동 실험에서 구한 고유진동수와 질량 관성모멘트를 비교·분석한다.

(2) 강제진동

- 비감쇠 강제진동

  ① 가진주파수에 따른 확대율과 위상각 선도를 그린다.

② 확대율 선도를 이용하여 고유진동수를 찾아내고, 자유진동 실험에서 측정한 결과, 그리고 이론해석 결과와 비교한다.

■ 감쇠 강제진동

① 가진주파수에 따른 확대율과 위상각 선도를 그린다.
② 확대율 선도를 이용하여 고유진동수와 감쇠비를 찾아내고[식 (8.41) 참조], 자유진동 실험에서 측정한 결과, 그리고 이론해석 결과와 비교한다.

③ 외팔보 충격 가진진동 실험

1 실험내용 및 이론적 배경

(1) 실험내용

본 실험에서는 그림 8.6에 보여주는 것과 같은 끝단에 질량체가 달린 외팔보 진동계를 대상으로 진동 특성을 해석한다. 실험내용은 다음과 같다.

- 외팔보 진동계를 힘변환기(force transducer)가 부착된 충격진자로 가진한다.
- 충격하중과 가속도 응답신호를 컴퓨터로 받아들인다.
- 충격응답의 시간역 데이터를 분석하여 고유진동수와 감쇠율을 구한다.
- 시간역 데이터를 푸리에 변환(Fouier Transform)하여 주파수 응답함수로 바꾸어 주파수역에서 고유진동수와 감쇠율을 구한다.

그림 8.6 **외팔보 가진 및 측정장치**

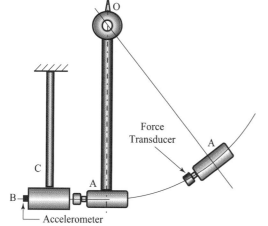

그림 8.7 **1 자유도 등가진동계**

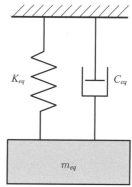

(2) 이론적 배경

① 진동계 진동 특성

구조물의 진동 특성은 크게 자유진동 특성과 강제진동 특성으로 나눌 수 있다. 자유진동 특성은 진동계의 질량, 감쇠, 강성의 크기 및 분포 특성에 의해서 결정되는 고유진동수, 감쇠비, 고유진동형으로 나타난다. 강제진동 특성은 가진력의 유형과 진동계의 고유 특성에 의해서 결정되며, 보통 조화가진력의 가진진동수에 따른 확대율 또는 주파수 응답함수로 그 특성을 표현한다.

② 시간역 해석과 주파수역 해석

진동 특성 해석방법에는 측정된 시간진동신호, 즉 시간역 데이터를 그대로 분석하는 시간역 해석(time domain analysis)과 이 시간역 데이터를 푸리에 해석하여 주파수역 데이터, 즉 주파수 스펙트럼 데이터로 변환하여 분석하는 주파수역 해석(frequency domain analysis) 방법의 두 가지가 있다. 시간진동 신호해석을 통해서는 진동의 형태와 크기를 쉽게 파악할 수 있고, 주파수 스펙트럼 해석을 통해서는 대부분 경우에 시간신호 자체에서 얻기 어려운 주파수별 진동에너지 분포 특성이나 진동원인에 대한 자세한 정보를 얻을 수 있다. 주파수역 해석을 위해서는 시간진동 신호를 주파수해석, 즉 푸리에 해석(Fourier analysis)을 통하여 주파수 스펙트럼(frequency spectrum)으로 변환하는 작업이 필요하다. 주파수 스펙트럼은 진동신호가 주기신호(periodic signal)인 경우에 푸리에 급수 전개를 통하여 구할 수 있다. 주기 T의 주기함수 $x(t)$를 푸리에 급수로 전개하면 다음 식이 된다.

$$x(t) = a_o + \sum_{n=1}^{\infty} \left(a_n \cos \frac{2\pi nt}{T} + b_n \sin \frac{2\pi nt}{T} \right) \tag{8.12}$$

또는

$$x(t) = a_o + \sum_{n=1}^{\infty} c_n \sin \left(\frac{2\pi nt}{T} + \psi_n \right) \tag{8.13}$$

여기서 a_n, b_n, c_n은 푸리에 급수의 계수로서

$$a_o = \frac{1}{T} \int_{-\frac{T}{2}}^{\frac{T}{2}} x(t) dt, \quad a_n = \frac{2}{T} \int_{-\frac{T}{2}}^{\frac{T}{2}} x(t) \cos n\omega t \, dt,$$

$$b_n = \frac{2}{T} \int_{-\frac{T}{2}}^{\frac{T}{2}} x(t) \sin n\omega t \, dt, \quad c_n = \sqrt{a_n^2 + b_n^2}, \quad \psi_n = \tan^{-1} \frac{a_n}{b_n} \tag{8.14}$$

이다. 각 계수들은 주기진동 신호 $x(t)$의 주파수 스펙트럼을 나타내며, $x(t)$의 n차 조화성분의 크기가 된다.

앞의 푸리에 급수는 $\frac{2\pi}{T} \equiv \Delta\omega$로 놓으면 복소수 형태로 다음과 같이 나타낼 수 있다.

$$x(t) = \sum_{n=-\infty}^{\infty} d_n \, e^{i\Delta\omega t} \tag{8.15}$$

여기서,

$$d_n = \frac{1}{T} \int_{-\frac{T}{2}}^{\frac{T}{2}} x(t) e^{-i\Delta\omega t} \, dt \tag{8.16}$$

이다. 주기신호의 푸리에 해석법을 주기 T를 무한대로 잡아 비주기신호의 푸리에 해석에 확장할 수 있다. 주기가 무한대라는 것은 바로 비주기신호가 됨을 가르키는 것이 된다. 주기신호의 조화성분 주파수 스펙트럼이 $\frac{2\pi}{T} (\equiv \Delta\omega)$의 등주파수 간격을 갖고 이산적으로 나타나는 데 비해, 비주기신호는 주기가 $T \rightarrow \infty$로 됨으로써 스펙트럼의 주파수 간격이 $\Delta\omega \rightarrow 0$으로 되어 주파수 스펙트럼은 ω의 연속함수로 나타난다. 식 (8.15), (8.16)은 $\Delta\omega$로 다음과 같이 나타낼 수 있다.

$$x(t) = \sum_{n=-\infty}^{\infty} \left(\frac{d_n 2\pi}{\Delta\omega} \right) e^{in\Delta\omega t} \left(\frac{\Delta\omega}{2\pi} \right) \tag{8.17}$$

$$\frac{d_n 2\pi}{\Delta\omega} = \int_{-\frac{T}{2}}^{\frac{T}{2}} x(t) e^{-in\Delta\omega t} \, dt \tag{8.18}$$

여기서 $\Delta\omega$를 0으로 접근시키고 $n\Delta\omega$를 ω로 놓으면, 식 (8.17)은

$$x(t) = \frac{1}{2\pi} \int_{-\infty}^{\infty} X(\omega) \, e^{i\omega t} \, d\omega \tag{8.19}$$

로 된다. 식에서 $X(\omega)$는 $\Delta\omega$가 0으로 다가갈 때 $\frac{d_n 2\pi}{\Delta\omega}$의 극한값이다. 마찬가지로 $\Delta\omega$가 0으로 접근할 때 식 (8.18)은

$$X(\omega) = \int_{-\infty}^{\infty} x(t) e^{-i\omega t} \, dt \tag{8.20}$$

의 형태로 쓸 수 있고, $x(t)$의 푸리에 변환이라 부른다. 그리고 $x(t)$는 $X(\omega)$를 역푸리에 변환을 통해, 즉 식 (8.18)을 이용하여 구할 수 있다. 이와 같이 임의 진동신호를 푸리에 변환하여 주파수 스펙트럼을 구할 수 있다. 주파수역 해석을 위한 각종 주파수 분석기(frequency analyzer)가 사용되고 있는데, 현재 사용되고 있는 대부분의 주파수 분석기들은 이 푸리에 변환을 효율적으로 고속수치 연산하는 고속 푸리에 변환(FFT; Fast Fourier Transform) 기법을 채택하고 있다. 그림 8.8은 단순조화 신호(simple harmonic signal)와 삼각파 주기신호를 푸리에 변환한 주파수 스펙트럼을 보여준다.

그림 8.8 단순조화 신호와 삼각파 주기신호의 주파수 스펙트럼

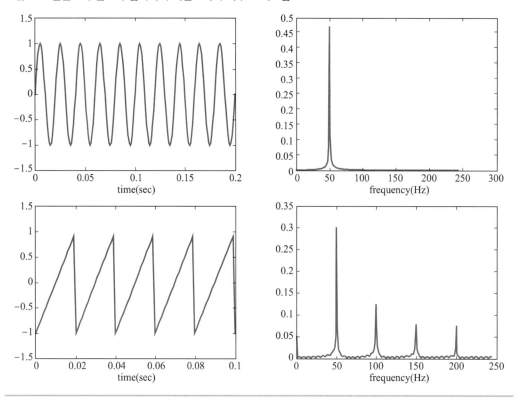

그림 8.9 주파수역 해석을 위한 주파수 분석장치

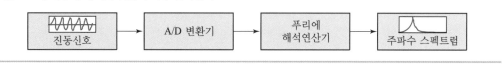

③ 외팔보 진동계의 충격가진 응답

끝단에 질량체가 달린 외팔보 진동계의 경우 질량체보다 외팔보 질량이 크게 작은 경우에는 외팔보의 분포질량을 무시하고 이산 매개변수계(discrete parameter system) 또는 집중 매개변수계(lumped parameter system)로 가정하여 그림 8.7과 같이 1 자유도계로 모형화할 수 있다. 이 경우 외팔보는 스프링 역할만 하는 것으로 간주한다. 외팔보에 분포된 질량이 미치는 영향을 고려하여 외팔보 질량의 1/3을 끝단 질량체에 합해줌으로써 모형의 정확성을 높일 수 있다. 이와 같이 1 자유도 진동계로 근사화된 외팔보 진동계의 운동방정식은 다음과 같다.

$$m_{eq}\ddot{x} + c_{eq}\dot{x} + k_{eq}x = f(t) \tag{8.21}$$

여기서 m_{eq}는 외팔보 끝단 질량 또는 여기에 외팔보 질량의 1/3을 더한 값이고, c_{eq}는 외팔보의 구조감쇠(structural damping)의 등가점성 감쇠계수, k_{eq}는 외팔보 끝단 위치에서의 등가강성

$\dfrac{3EI}{l^3}$, $f(t)$는 끝단 질량체에 가해지는 가진력이다. 이 진동계의 비감쇠 고유진동수 ω_n은

$$\omega_n = \sqrt{\frac{k_{\text{eq}}}{m_{\text{eq}}}} = \sqrt{\frac{3EI}{m_{\text{eq}}l^3}} \tag{8.22}$$

이고, 감쇠 고유진동수 ω_d는

$$\omega_d = \omega_n \sqrt{1 - \zeta^2} = \omega_n \sqrt{1 - \left(\frac{c_{\text{eq}}}{2\sqrt{m_{\text{eq}}k_{\text{eq}}}}\right)^2} \tag{8.23}$$

이 된다.

진동계의 고유진동 특성과 강제진동 특성은 단위충격(unit impulse)가진에 의한 응답, 즉 충격응답(impulse response)을 분석하여 편리하고 쉽게 구할 수 있다. 이 때문에 충격가진동 실험법은 연구실과 산업 현장에서 많이 활용되고 있는 방법이다. 단위충격가진력은 단위역적을 갖는 충격력으로, 보통 Dirac delta 함수 $\delta(t)$로 나타낸다. 식 (8.21)에서 $f(t) = \delta(t)$로 놓으면 운동방정식은 다음으로 나타내진다.

$$m_{\text{eq}}\ddot{x} + c_{\text{eq}}\dot{x} + k_{\text{eq}}x = \delta(t) \tag{8.24}$$

이 단위충격가진에 의한 충격응답은 다음 식과 같다.

$$h(t) = \frac{e^{-\zeta\omega_n t}}{m\omega_d}\sin\omega_d t \tag{8.25}$$

이 충격응답식은 진동계의 고유진동수 ω_d에 대한 정보와 감쇠비 ζ에 대한 정보를 담고 있다. 따라서 충격응답함수를 분석하여 시스템의 고유 특성을 분석할 수 있다. 이 충격응답함수를 푸리에 변환하고 주파수역 정보로 변환하여 주파수역에서 진동 특성을 분석할 수 있다. 충격응답함수를 푸리에 변환하면 다음 식이 구해진다.

$$H(i\omega) = \frac{1}{1 - r^2 + i\,2\,\zeta\,r} \tag{8.26}$$

식에서 $H(i\omega)$는 주파수 응답함수를 나타낸다. 주파수 응답함수의 크기 $|H(i\omega)|$는 진동계의 확대율이 된다. 1 자유도계의 주파수 응답함수는 조화가진력 $f(t) = F_o e^{i\omega t}$에 의한 응답이 $x(t) = Xe^{i\omega t}$일 때

$$H(i\omega) = \frac{X(\omega)}{F_o/k_{\text{eq}}} \tag{8.27}$$

로 정의된다. 이 주파수 응답함수를 조화가진에 의해 구하려면 가진주파수를 0에서부터 관심주파수까지 변화시키면서 실험을 수행해야 한다. 충격가진력 $f(t) = \delta(t)$를 푸리에 변환하면 $F_o(\omega) =$

그림 8.10 $\delta(t)$와 $\delta(t)$의 주파수 스펙트럼

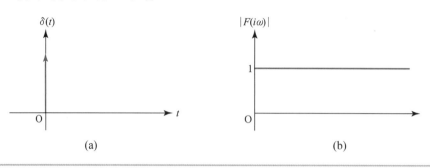

(a)   (b)

1이 된다. 주파수 스펙트럼이 1로 일정하다는 것은 모든 주파수성분에서 크기 1의 가진력이 충격 순간 동시에 가해지는 것을 의미한다. 따라서 충격응답 $h(t)$는 전 주파수에서 크기 1의 가진력을 받은 응답이 된다. 그러므로 $h(t)$의 스펙트럼이 $H(\omega)/k_{eq}$가 되는 것이다. 그림 8.10은 단위충격력 $\delta(t)$의 주파수 스펙트럼을 보여준다. 그러나 $\delta(t)$와 같은 충격력은 수학적으로만 가상할 수 있는 이상적 힘으로 실제로는 만들어 낼 수 없는 힘이다.

④ 충격가진 실험

충격가진 진동실험에서는 힘변환기가 달려 있는 충격망치(impact hammer)를 사용하는데, 이 충격망치로 가할 수 있는 충격력은 그림 8.11과 같다. 그림 8.12는 이 충격력의 주파수 스펙트럼을 보여준다. 본 실험에서는 충격가진에 의한 응답 특성을 시간역과 진동수역에서 분석하여 고유진동 특성과 주파수 응답 특성을 분석한다.

● 시간역 응답 특성

시간역 충격응답신호를 분석하여 고유진동수 ω_d와 대수감쇠율법(logarithmic decrement method)으로 감쇠비 ζ를 측정할 수 있다. 충격가진 실험에서 충격가진 이후의 응답은 자유응답

그림 8.11 **충격력 시간이력**

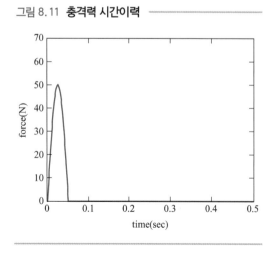

그림 8.12 **충격력의 주파수 스펙트럼**

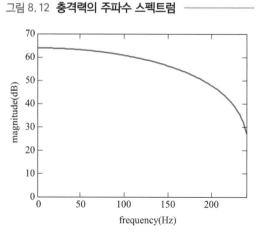

이 된다. 따라서 충격가진 이후에 진동응답은 충격가진이 끝나는 시점에서 충격가진에 의해 만들어진 초기조건에 의한 자유진동 응답으로 구할 수 있다. 충격가진력 $F(t)$가 Δt시간 동안 가해질 때 가진 직후의 속도는 역적 – 운동량 관계로부터 구할 수 있다. Δt시간 동안의 역적 – 운동량 관계식은

$$\int_0^{\Delta t} F(t)dt = m_{eq}(\dot{x}(\Delta t) - \dot{x}(0)) \tag{8.28}$$

이 된다. 그러므로 가진 직전의 속도 $\dot{x}(0)$을 0으로 가정하면 충격가진 직후의 속도는

$$\dot{x}(\Delta t) = \frac{\int_0^{\Delta} tF(t)\,dt}{m_{eq}} \tag{8.29}$$

가 된다. 충격가진 직후의 가진에 의한 변위는 Δt가 짧기 때문에 0으로 간주할 수 있다. 따라서 충격가진 직후의 진동응답은 초기조건 $x_o = 0$, $\dot{x}_o = \dot{x}(\Delta t)$를 갖는 다음의 자유응답식으로 주어진다.

$$x = Xe^{-\zeta\omega_n t}\sin\left[\sqrt{1-\zeta^2}\,\omega_n t + \phi\right] \tag{8.30}$$

그림 8.13은 이 자유응답식을 도시한 것이다.

실험을 통해 구한 충격가진 직후의 시간역 자유응답 데이터를 가지고 대수감쇠율법을 이용하여 이 1 자유도 진동계의 감쇠 고유진동수 ω_d와 감쇠비 ζ를 실험적으로 측정할 수 있다. 감쇠 고유진동수 ω_d는 구해진 자유응답 주기 $\tau = \dfrac{2\pi}{\omega_d}$를 측정하여 구하고, 감쇠비 ζ는 대수감쇠율을 측정하여 구할 수 있다. 대수감쇠율 δ와 감쇠비 ζ와의 관계는 다음과 같다.

$$\delta = \ln\frac{x_i}{x_{i+1}} = \ln\frac{Xe^{-\zeta\omega_n t_i}\sin(\omega_d t + \psi)}{Xe^{-\zeta\omega_n(t_i+\tau)}\sin(\omega_d(t_i+\tau)+\psi)} = \frac{2\pi\zeta}{\sqrt{1-\zeta^2}} \tag{8.31}$$

그림 8.13 **감쇠 자유진동 시간역 응답곡선**

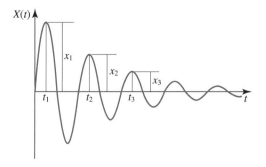

● 주파수 응답함수

선형 동적 시스템에 조화입력이 가해지면 일정 위상지연을 갖는 동일주파수의 조화응답이 나타난다. 이때 응답의 크기와 위상은 입력의 주파수와 크기, 그리고 시스템 매개변수의 함수로 된다. 주파수 응답함수는 전체 주파수역에서 입력과 출력 사이의 비관계로 나타내는 주파수역 입출력 관계 모형식이다.

$$주파수\ 응답함수\ (H(i\omega)) = \frac{주파수역\ 응답}{주파수역\ 입력} \tag{8.32}$$

여기서 주파수역 입력과 주파수역 응답은 각각 입력신호와 응답신호의 각 주파수성분의 크기와 위상정보를 나타내는 복소수이다. 많은 진동구조물은 구조가 복잡하고 파라미터를 알지 못하거나 불확실한 경우가 많기 때문에 이론적으로 정확하게 수학적으로 모형화하기가 어렵다. 따라서 실험적으로 주파수 응답함수를 구하는 방법이 많이 이용되고 있다. 실험적으로 주파수 응답함수를 구하는 데는 여러 방법이 있다. 조화가진력을 사용하는 경우에는 가진진동수를 관심주파수역 안에서 변화시켜가면서 각 가진진동수에서의 가진력과 응답 사이 크기비와 위상각을 구하여 주파수 응답함수를 구한다.

요즘에는 컴퓨터 계산능력의 고도화로 실시간 신호처리 기술이 크게 발전하여 불규칙 가진력(random excitation) 또는 충격적 가진력과 같은 넓은 주파수역의 가진력 실험을 통해, 그리고 고속 푸리에 변환(fast Fourier transform)기를 사용하여 빠르고 편리하게 주파수 응답함수를 구하고 있다. $F(\omega)$와 $X(\omega)$를 각각 가진력 $F(t)$와 변위응답 $x(t)$의 푸리에 변환함수로 놓으면, 1 자유도 진동계의 주파수 응답함수는

$$H(i\omega) = \frac{X(i\omega)}{F(i\omega)} = \frac{1}{k_{eq} - m_{eq}\omega^2 + i\omega\, c_{eq}} \tag{8.33}$$

이 되고, 응답으로 변위응답을 사용한 이 주파수 응답함수는 리셉턴스(receptance)라고 부르기도 한다. 이 역수는 동강성(dynamic stiffness)이 된다. 진동 문제에 따라 주파수 응답함수에 사용되는 출력응답으로 진동변위 대신 진동속도 또는 진동가속도를 사용하기도 하는데, 이때의 주파수 응답함수를 각각 모빌리티(mobility), 그리고 액셀러런스(accelerance)라고 한다. 주파수 응답 함수의 크기(magnitude)는

$$|H(\omega)| = \frac{1}{\sqrt{(k_{eq} - m_{eq})^2 + (\omega c_{eq})^2}} \tag{8.34}$$

이 된다. 그림 8.14는 1 자유도계 주파수 응답함수의 크기 $|H(i\omega)|$를 도시한 것이다. 이 주파수 응답함수는 다음과 같이 무차원 형태로 나타내기도 하며 확대율(magnification factor)이라고 부른다.

$$\left|\frac{X}{F/k_{\mathrm{eq}}}\right| = k_{\mathrm{eq}}|H(i\omega)| = \frac{1}{\sqrt{(1-r^2)^2+(2\zeta r)^2}} \tag{8.35}$$

여기서 $r = \dfrac{\omega}{\omega_n}$ 이다. 확대율을 R로 놓으면, R의 최댓값은 $r = \sqrt{1-2\zeta^2}$ 에서 최댓값

$R_{\mathrm{max}} = \dfrac{1}{2\zeta\sqrt{1-\zeta^2}}$ 을 갖는다. 감쇠가 아주 작은 때는, 즉 $\zeta \ll 1$인 경우에는 $\omega = \omega_n$에서 R은

최댓값 $\dfrac{1}{2\zeta}$ 에 근사하게 된다. 따라서 이 경우 실험으로 구해지는 주파수 응답함수는 고유진동수

에서

$$|H(i\omega)|_{\mathrm{max}} \cong \frac{1}{2\zeta k_{\mathrm{eq}}} \tag{8.36}$$

의 최댓값을 갖는다. 이와 같이 실험을 통해 주파수 응답함수 곡선을 구하고 최댓값을 갖는 진동
수 위치를 찾아 그 계의 고유진동수를 결정할 수 있다. 그림 8.14에서 주파수 응답함수 크기가
$|H(\omega)|_{\mathrm{max}}$의 $1/\sqrt{2}\,(-3\,\mathrm{dB})$값이 되는 위치 ω_1과 ω_2를 반일률점(half-power points)이라 부른
다. 감쇠비 ζ를 밴드폭(bandwidth)이라고 부르는 이 두 반동력점 사이 간격 $\Delta\omega$를 이용하여 주
파수 응답함수 곡선으로부터 구할 수 있다.

반동력점은 $|H|_{\mathrm{max}}/\sqrt{2}$를 식 (8.34)의 $|H(i\omega)|$에 대입하여 구해지는 다음 식

$$\left(\frac{\omega}{\omega_n}\right)^4 - 2(1-2\zeta^2)\left(\frac{\omega}{\omega_n}\right)^2 + 1 - 8\zeta^2(1-\zeta^2) = 0 \tag{8.37}$$

으로부터 구해진다. 이 식을 풀면

그림 8.14 **주파수 응답곡선**

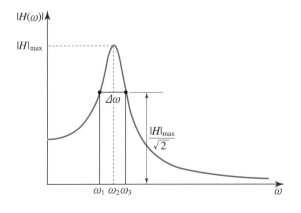

$$\left(\frac{\omega_1}{\omega_n}\right)^2 = (1 - 2\zeta^2) - 2\zeta\sqrt{1 - \zeta^2}$$

$$\left(\frac{\omega_2}{\omega_n}\right)^2 = (1 - 2\zeta^2) + 2\zeta\sqrt{1 - \zeta^2} \tag{8.38}$$

이 구해진다.

식 (8.38)로부터

$$\left(\frac{\omega_2 - \omega_1}{\omega_n}\right)^2 = 2(1 - 2\zeta^2) - 2(1 - 8\zeta^2 + 8\zeta^4)^{\frac{1}{2}} \tag{8.39}$$

이 식에서 우변 마지막 항을 Maclaurin 급수로 전개한 후 ζ의 고차항을 무시하면

$$\left(\frac{\omega_2 - \omega_1}{\omega_n}\right)^2 \cong 4\zeta^2 \tag{8.40}$$

이 구해진다. 이 식으로부터 실험을 통해 반동력점 ω_1, ω_2와 고유진동수 ω_n이 구해지면, 감쇠비 ζ를

$$\zeta \cong \frac{\omega_2 - \omega_1}{2\omega_n} = \frac{\Delta\omega}{2\omega_n} \tag{8.41}$$

와 같이 구할 수 있다.

2 실험장치

실험장치는 다음의 주요 기기 및 소프트웨어로 구성되어 있다.

- 충격진자(impact pendulum)
- 힘변환기(force transducer)

그림 8.15 **외팔보 가진 및 측정장치 구성**

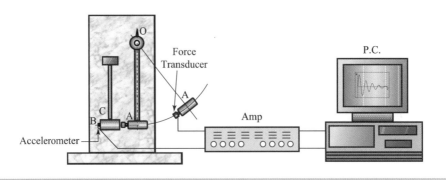

그림 8.16 **주파수 응답함수 측정 흐름도**

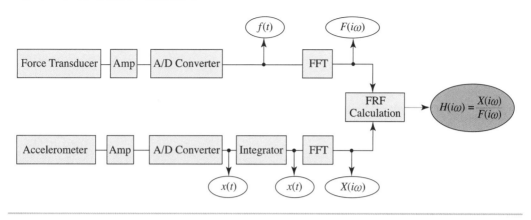

- 가속도계(accelerometer)
- 신호증폭기(amplifier)
- A/D 변환기(A/D converter)
- 컴퓨터(PC)
- MATLAB

3 실험방법

(1) 실험순서

① 충격진자와 외팔보에 힘변환기와 가속도계를 각각 부착한다.

② 힘변환기의 신호를 A/D 변환기의 채널 1번에, 가속도 신호를 A/D 변환기의 채널 2번에 연결한다.

③ 시간역 데이터를 얻기 위한 A/D 변환 프로그램을 실행한다.

④ 시간역 데이터를 저장할 디렉토리와 파일명을 입력한다.

⑤ A/D 변환 프로그램은 힘변환기의 신호에 의해 트리거(trigger)될 때까지 기다린다.

⑥ 충격진자를 적정한 높이에서 떨어뜨려 외팔보 진동계를 가진한다. 이때, 충격진자가 외팔보를 두 번 가진하지 않도록 주의한다.

(2) 시간역 데이터의 취득 및 저장

① A/D 변환 프로그램은 힘변환기의 신호와 가속도계의 신호를 10초 동안 500 Hz로 샘플링(sampling)하고 가속도 신호를 수치적으로 두 번 적분하여 PC 내에 지정된 디렉토리에 힘과 변위의 시간역 데이터 파일을 생성한다.

② 힘과 변위의 시간역 데이터는 각각 1열은 시간, 2열은 힘, 그리고 3열은 변위의 ASCII 코드로 이루어진 5,000행의 데이터로 구성되어 있다.

③ 시간, 힘, 그리고 변위 데이터의 단위는 [sec], [N], [m]이다.

④ MATLAB에서 시간역 데이터를 도시한다(c:\exp\에 time.dat로 저장된 경우 다음과 같은 M-File을 작성한 후 실행한다).

■ 시간역 데이터 도시 프로그램

```
cd  c:\exp
load  time.dat
t=time(:,1);
F=time(:,2);
X=time(:,2);
subplot(121);  plot(t,F);
subplot(122);  plot(t,X);
```

그림 8.17 **힘 시간역**(time history)

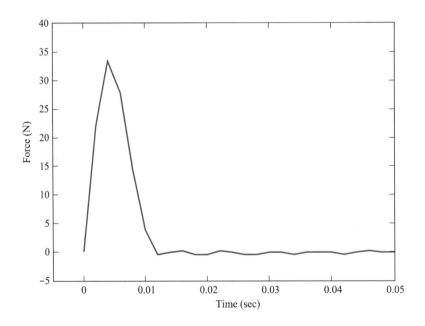

그림 8.18 **변위시간 응답**

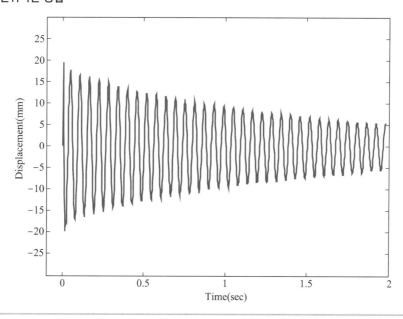

(3) 시간역 데이터의 주파수역 데이터 변환

① FFT를 이용하여 힘과 변위의 시간역 데이터($x(t)$, $f(t)$)로부터 주파수역 데이터($F(i\omega)$, $X(i\omega)$)를 얻는다.

② MATLAB에서 FFT를 수행한다.

■ 주파수역 데이터로의 변환 프로그램

```
% FFT를 할 데이터의 개수를 지정한다. (2N)으로 한다.
nfft=4096
% Time Step을 지정한다.
T=1/500;
% 주파수 스케일을 지정한다.
f=(0:1/(nfft*T):1/(nfft*T)*(nfft-1)/2)';
% 힘의 시간역 데이터를 FFT하여 주파수역 데이터를 얻는다.
F_iw=fft(F,nfft);
% 가속도의 시간역 데이터를 FFT하여 주파수역 데이터를 얻는다.
X_iw=fft(X,nfft);
% 주파수역 데이터 중 앞의 1/2만을 취한다(Mirror Effect).
```

(계속)

```
F_iw=F_iw(1:nfft/2);
X_iw=X_iw(1:nfft/2);
% 주파수역 데이터의 크기를 구한다.
F_iw=abs(F_iw);
X_iw=abs(X_iw);
```

③ 변위의 주파수역 데이터를 힘의 주파수역 데이터로 나누어서 주파수 응답함수를 구한다.

```
H_iw=X_iw./F_iw;
```

④ 주파수역 데이터를 도시한다.

```
subplot(221);  plot(f,F_iw)
subplot(222);  plot(f,X_iw)
subplot(223);  plot(f,H_iw)
```

⑤ 주파수역 데이터 저장

그림 8.19 **힘 주파수 스펙트럼**

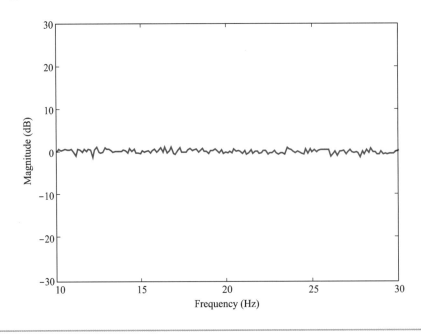

그림 8.20 **변위주파수 응답**

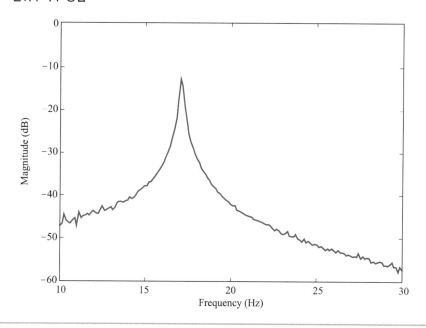

그림 8.21 **주파수 응답함수(FRF)**

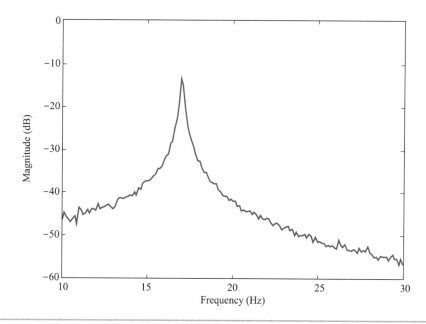

4 실험결과 분석 및 고찰

(1) 시간역 분석

- 충격가진력 신호와 응답가속도 신호를 시간역에서 기록하고 이를 분석하여 고유진동수를 구한다.
- 대수감쇠율법을 이용하여 감쇠비를 구한다.

(2) 주파수역 분석

- 충격가진력과 응답가속도 신호를 각각 푸리에 변환한다.
- 진폭 스펙트럼을 기록하고 특성을 분석한다.
- 주파수 응답함수를 구하고 고유진동수와 감쇠비를 구한다.

(3) 이론해석

외팔보 분포 질량을 무시한 외팔보의 1 자유도 등가모델을 구성하여 이론적으로 고유진동수를 구한다.

(4) 비교 · 분석

앞의 세 방법으로 구한 결과들을 비교 · 분석하고 그 결과를 검토한다.

4 보고서 작성

실험보고서는 공학작문에서 학습한 보고서 작성요령을 기초로 하여 창의적이고 개성 있게 작성한다.

1 예비보고서

다음과 같은 내용을 공부하여 요약 · 정리한다.

(1) 1 자유도 강체보 진동실험

- 1 자유도 진동계의 자유진동 및 조화강제진동 해석
- 고유진동수, 감쇠비, 확대율, 위상각
- 대수감쇠율법에 의한 감쇠비의 실험적 측정

(2) 외팔보 충격가진 진동실험

- 외팔보 진동계의 1 자유도 진동계로의 등가 모형화
- 진동계의 시간역 해석 및 주파수역 해석
- 반일률점법에 의한 감쇠비의 실험적 측정
- 푸리에 변환
- 주파수 응답함수(FRF)

2 결과보고서

결과보고서는 아래 순서에 따라 각 장에 필요한 내용을 충실하고 간명하게 기술한다.

(1) 제목(표지)

(2) 실험목적 및 이론

실험목적과 실험내용 개요를 간명하게 서술한다.

(3) 실험장치 및 방법

실험에 사용되는 실험장치의 구성과 구성요소를 간결하게 소개하고, 실험방법의 핵심적인 내용을 간명하게 기술한다.

(4) 실험결과 분석 및 고찰

① 실험 데이터 및 조건정리

실험에서 측정한 자료와 실험환경을 포함한 실험조건을 모두 기록한다. 이 내용물은 실험활동의 핵심내용을 제시하는 것이 된다.

② 분석, 결과 종합 및 고찰

실험목적과 내용에 따라 실험 측정자료를 분석·종합하고 고찰한 내용을 기술한다. 분석과 종합을 하는 과정에서 측정자료를 곡선적합(curve fitting), 통계처리, 유도식을 이용한 2차 자료 산출 등의 실험 데이터 가공을 하는 경우에는 그 가공과정을 반드시 기술한다. 가능하면 측정, 분석자료를 표나 그림 등으로 분류·정리하여 제시하고, 표와 그림의 의미와 내용을 간명하게 나타내는 적합한 제목을 붙인다.

(5) 결론

실험에 의한 측정자료를 기초로 실험결과를 종합하고, 분석·검토·요약하며, 실험에 기초한 실험자 자신의 핵심(중요)결론을 간명하게 서술한다.

(6) 참고문헌

실험자가 실제 참고한 문헌을 대한기계학회 논문집의 참고문헌 기술양식에 따라서 수록한다.

● 참고문헌 ————————————————————————————————

1. S. S. Rao, Mechanical Vibrations, 4th ed., Prentice Hall, 2004.

2. D. J. Ewins, Modal Testing, Research Studies Press, 1984.

3. MATLAB-Reference Guide, the Math Works Inc.

4. Vibration Testing, Bruel & Kjaer, Denmark, 1983.

5. J. S. Bendat and A. G. Piersol, Random Data, 2nd ed., John Wiley & Sons, 1991.

6. C. M. Harris, Shock and Vibration Handbook, 4th ed., McGraw-Hill, 1995.

실험

9

DC 서보모터 제어실험

1 실험목적

산업현장의 자동화에 있어서 모터 제어는 필수적이다. 본 실험의 목적은 모터 제어실험을 통해 자동제어 이론을 심도 있게 이해하고, 구체적인 응용 예를 통하여 응용능력을 향상시키는 데있다. 이를 위하여 대표적인 모터인 DC 서보모터의 원리를 이해하고, 모델링을 통해 자동제어개념을 적용시켜 구동시키는 실험을 수행한다.

2 실험내용 및 이론적 배경

1 실험내용

본 실험에서는 모터를 이용하여 다음과 같은 제어실험을 실시한다.

- 퍼텐쇼미터의 각변위를 변화시키며 출력전압을 측정
- 서보모터의 구동확인
- 비례제어기를 이용한 DC 서보모터 위치제어
- 태코미터의 회전속도에 따른 출력전압 측정
- 비례제어기를 이용한 DC 서보모터의 속도제어

2 이론적 배경

(1) DC 모터의 특성

DC 모터는 한 쌍의 영구자석과 회전자를 이용하여 회전력을 얻는 모터이다. DC 모터의 장점으로서는 ① 기동 토크가 크고, ② 인가전압에 대하여 회전 특성이 직선적으로 비례한다. ③입력전류에 대하여 출력 토크가 직선적으로 비례하고, ④ 출력효율이 양호하며, ⑤ 가격이 저렴하다.

DC 모터의 제어적 특성으로서 토크와 전류의 관계를 알아보면 흘린 전류에 대해 거의 직선적으로 토크가 비례한다. 즉, 큰 힘이 필요할 때는 전류를 많이 흘리면 되는 간단한 구조로 제어가매우 간편하다. 토크와 회전수의 관계를 알아보면 토크에 대하여 회전수는 직선적으로 반비례한다. 이것에 의하면 무거운 것을 돌릴 때는 천천히 회전시키게 되고, 이것을 빨리 회전시키기 위해서는 전류를 많이 흘리게 된다. 그리고 인가전압에 대해서도 비례한다. 이러한 특성에서 알수 있는 것은 회전수나 토크를 일정하게 하는 제어를 하려는 경우 전류를 제어하면 회전수와토크를 모두 제어할 수 있다는 것이다. 즉, 이것은 제어회로나 제어방식을 생각할 때 매우 단순한 회로나 방식으로 할 수 있다. 이것이 DC 모터는 제어하기 쉽다고 하는 이유이다.

반면 DC 모터의 가장 큰 결점으로는 그 구조상 브러시와 정류자에 의한 기계식 접점이 있다는 점이다. 이러한 영향은 전류 흐름의 방향이 바뀌게 될 때 전기불꽃(spark), 회전소음, 수명이라는 형태로 나타난다. 마이크로컴퓨터로 모터 제어를 하려는 경우는 노이즈가 발생하는 경우가 많으며, 이에 따른 대책이 필요하다.

(2) DC 모터의 구조

그림 9.1과 9.2는 각각 DC 서보모터의 구조 및 구동원리를 나타낸다. 일반적으로 DC 서보모터는 그림 9.1에서와 같이 N극과 S극의 고정자 자석(stator magnet)이 정류자(commutator)

그림 9.1 DC 서보모터의 구조 및 실재 형상

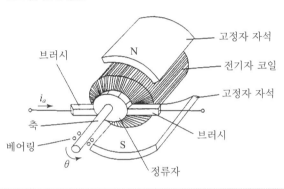

그림 9.2 DC 서보모터의 구동원리

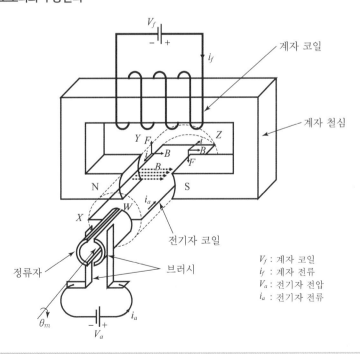

V_f : 계자 코일
i_f : 계자 전류
V_a : 전기자 전압
i_a : 전기자 전류

및 전기자(armature) 철심 주변으로 둘러싸여 있는 것과 영구자석 대신 그림 9.2와 같이 계자 (field) 철심을 이용하여 전자석을 만들어 토크를 발생할 수 있도록 구성된 것이 있다. 그림 9.2 의 DC 서보모터는 계자 철심과 전기자 철심에 코일이 감겨져 있으며 전기자 철심이 회전하도록 되어 있다. 전기자 코일의 양 끝점은 같은 축에서 회전하는 정류자에 접속되고, 정류자는 다시 고정된 브러시에 접촉하여 전원과 연결되어 있다. 그리고 계자 철심과 코일 부분은 영구자석으로 대치될 수 있다.

DC 서보모터는 그림 9.2와 같이 계자 코일에 일정한 전류를 흐르게 하면 계자 철심이 자화되어 N, S극에 자계가 발생하고(Ampere의 오른손 법칙), 전기자 코일은 자계 중에 노출하게 되어 전기자 코일에 전류를 흘리면 자기력이 발생하게 한다. Fleming의 왼손 법칙에 따라 자기력이 코일의 WZ 부분에서는 밑으로 작용하고 XY 부분에서는 위로 작용하여 전체적으로 전기자 코일을 시계방향으로 회전시키려는 토크가 발생한다. 전기자 코일이 회전하여 현재 위치에서 90° 를 넘어서면 브러시에 접촉하는 정류자의 위치가 바뀌고 XY, WZ 부분에 흐르는 전류의 방향이 바뀐다. 이번에는 자기력이 XY에서 밑으로 작용하고 WZ에서 위로 작용하여 같은 방향으로 회전을 계속한다. 이것은 270°까지 계속되고 270°를 넘어서서 본래 위치로 돌아가면 다시 전류 방향이 바뀌고 토크도 같은 방향으로 작용하게 된다. 만약 역회전을 시키려면 계자 전류나 전기 자 전류 중 어느 하나의 방향을 바꾸면 된다.

이제 모터에서 발생하는 토크의 크기를 구해 보기로 한다. 전류 i_a에 의한 전하 q의 속도를 v, 자장의 세기를 B라고 하면, 이때 발생하는 Lorentz 힘 F는 다음과 같다.

$$F = qv \times B \tag{9.1}$$

여기서, 전하 q의 속도 v를 전기자 코일의 길이 l에 따른 거리 x를 이용하여 dx/dt로 나타내면,

$$dF = dq\frac{dx}{dt} \times B = i_a dx \times B \tag{9.2}$$

여기서, i_a는 전기자에 흐르는 전류이다. 이때, 전기자 코일의 길이 l까지에 의해 발생하는 힘 F는 다음과 같이 표현된다.

$$F = i_a \left(\int_0^l dx \right) \times B = i_a l \times B \tag{9.3}$$

따라서 자계 B와 수직인 방향으로 전기자 코일에 전류 i_a를 흘렸을 때의 힘의 크기는 다음과 같다.

$$|F| = Bl\,i_a \tag{9.4}$$

마찬가지로 전기자 코일에 반대방향의 전류를 흘렸을 경우에는 그림 9.3에 표시된 바와 같이 반대방향의 힘이 생기며, 이 두 힘에 의해 토크 τ가 발생한다.

그림 9.3 **전기자 코일의 회전 위치에 따른 토크의 변동**

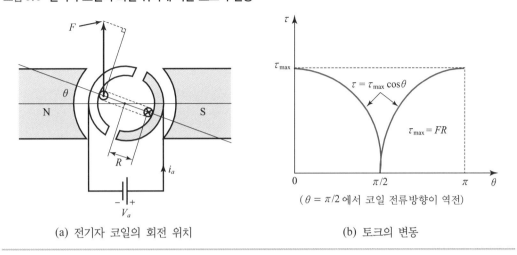

(a) 전기자 코일의 회전 위치　　　　(b) 토크의 변동

$$\tau = R|F| = RBl\,i_a = K_t\,i_a \tag{9.5}$$

여기서 F는 자기력, R은 축 중심에서 코일까지의 거리, 그리고 $K_t(= RBl)$는 토크상수를 의미한다.

　이제 전기자 코일이 그림 9.3(a)에 표시된 바와 같이 θ만큼 회전했을 때 발생되는 토크 τ에 대하여 생각하기로 한다. 이 경우에는 토크 τ가 다음과 같이 표현된다.

$$\tau = F \cdot R\cos\theta = \tau_{\max}\cos\theta \tag{9.6}$$

　그림 9.3 (b)는 이 관계식을 그림으로 나타낸 것이다. 토크의 크기가 전기자 코일의 회전위치에 따라 크게 변동함을 알 수 있다. 만약 $\theta = \pi/2$의 위치에서 전기자 코일이 정지해 있다면 전류를

그림 9.4 **12개의 등간격 전기자 코일과 발생 토크**

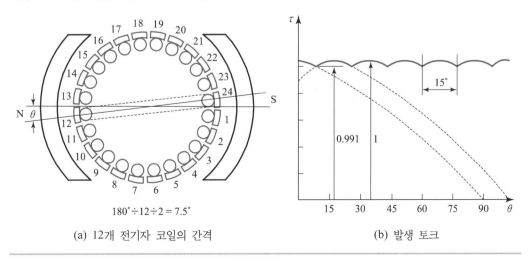

(a) 12개 전기자 코일의 간격　　　　(b) 발생 토크

흘려도 토크가 0이기 때문에 시동이 불가능하다. 이러한 문제점을 해결하기 위하여 일반적으로 전기자 코일을 여러 각도로 배치한다.

그림 9.4는 12개의 코일을 등간격으로 배치한 예이다. 이 경우에는 브러시와 한 개의 정류자가 접촉하고 있는 각도가 15°이다. 따라서 자극의 중심선에 대해서 7.5° 벗어나면 다른 정류자가 브러시에 접촉하게 되므로 거의 일정한 토크를 발생할 수 있다.

(3) DC 서보모터 시스템의 모델링

그림 9.5는 DC 서보모터 시스템의 개략도이다. 이 DC 서보모터 시스템은 계자 전류 i_f와 전기자 전류 i_a의 크기를 조절하면 DC 서보모터의 토크를 제어할 수 있다. DC 서보모터에 의해 발생하는 토크를 τ, 모터에 가해지는 전압을 V_a, 전류를 i_a, 모터의 각변위를 θ_m, 역기전력을 e_b라 하면 토크 τ와 역기전력 e_b는 각각 다음과 같다.

$$\tau = RBl i_a = K_t i_a \tag{9.7}$$

$$e_b = BlR \frac{d\theta_m}{dt} = K_e \frac{d\theta_m}{dt} \tag{9.8}$$

여기서 $K_t(=RBl)$는 토크상수, $K_e(=BlR)$는 기전력상수이다. 따라서 DC 서보모터에서 일관된 단위를 사용한다면 $K_t = K_e(=K)$의 관계가 성립함을 알 수 있다. 그러나 어떤 경우에는 토크상수가 [kgf · cm/A]와 같은 다른 단위계로 주어지며, 기전력상수는 [V/k rpm]의 단위로 나타낼 수 있다. 그리고 그림 9.5의 전기회로에 대해 Kirchhoff의 전압 법칙을 적용하면 전기회로에 관한 동적 방정식을 다음과 같이 얻을 수 있다.

$$L_a \frac{di_a}{dt} + R_a i_a + e_b = V_a \tag{9.9}$$

그림 9.5 DC 서보모터 시스템의 개략도

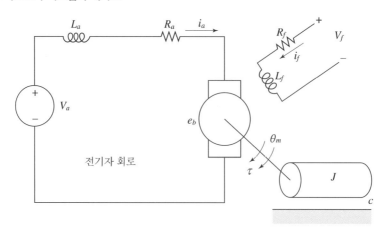

그림 9.6 **DC 서보모터와 부하를 연결하기 위한 기어구조**

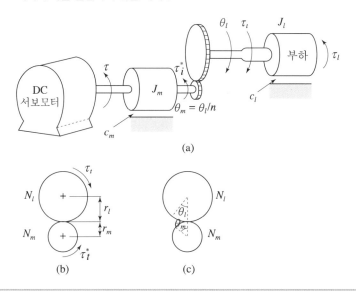

일반적으로 부하축에서 큰 토크를 얻기 위해 그림 9.6과 같이 DC 서보모터의 축과 부하축을 기어로 연결하여 회전속도가 감속되도록 한다. 부하의 회전관성을 J_l, 모터축과 감속기어의 회전관성을 J_m, 부하의 점성마찰계수를 c_l, 서보모터축과 감속기어 사이의 점성마찰계수를 c_m 이라 하면, DC 서보모터가 부하를 움직이는 데 필요로 하는 총 토크는 모터축을 회전시키는 데 필요한 토크와 부하축을 회전시키는 데 필요한 토크의 합으로 나타낼 수 있다. 그리고 그림 9.6에 표시된 바와 같이 모터축에 있는 기어의 각변위, 기어 잇수, 반지름을 각각 θ_m, N_m, r_m, 부하축에 있는 기어의 각변위, 기어 잇수, 반지름을 각각 θ_l, N_l, r_l, 그리고 이때의 감속비(reduction ratio)를 n 이라고 하면 기하학적 적합 조건식에 의해 다음 식이 성립한다.

$$r_m \theta_m = r_l \theta_l \qquad (9.10)$$

그리고 기어 잇수 N 과 기어의 반지름 r 은 비례관계가 있으므로,

$$N_m \theta_m = N_l \theta_l \qquad (9.11)$$

또는

$$\frac{N_m}{N_l} = \frac{\theta_l}{\theta_m} = n < 1 \qquad (9.12)$$

따라서,

$$\theta_l = n\theta_m \qquad (9.13)$$

$$\dot{\theta}_l = n\dot{\theta}_m \qquad (9.14)$$

$$\ddot{\theta}_l = n\ddot{\theta}_m \tag{9.15}$$

그리고 DC 서보모터에 가해지는 총 토크 τ는 모터축을 회전시키는 데 필요한 토크 τ_m과 부하축을 회전시키는 데 필요한 토크 τ_t를 모터축에서 보았을 때의 토크로 환산한 토크 τ_t^*로 생각할 수 있다.

$$\tau = \tau_m + \tau_t^* \tag{9.16}$$

여기서, 모터축을 회전시키는 데 필요한 토크 τ_m과 부하축을 회전시키는 데 필요한 토크 τ_t는 각각 다음과 같다.

$$\tau_m = J_m\ddot{\theta}_m + c_m\dot{\theta}_m \tag{9.17}$$

$$\tau_t = J_l\ddot{\theta}_l + c_l\dot{\theta}_l + \tau_l \tag{9.18}$$

여기서, τ_l은 부하 토크이다.

그리고 토크 τ_t를 모터축에 관한 토크 τ_t^*로 환산하기 위해 감속기어에서 에너지 손실이 없다는 가정 하에서 부하축에 관련된 토크 τ_t가 한 일 $\tau_t\theta_l$은 모터축으로 환산한 토크 τ_t^*가 한 일 $\tau_t^*\theta_m$과 같다는 관계식을 이용한다. 따라서,

$$\tau_t^* = \frac{\tau_t\theta_l}{\theta_m} = n\tau_t \tag{9.19}$$

식 (9.14), (9.15), (9.18)을 식 (9.19)에 대입하면,

$$\tau_t^* = n^2(J_l\ddot{\theta}_m + c_l\dot{\theta}_m) + n\tau_l \tag{9.20}$$

그러므로 식 (9.16)은 다음과 같이 표현될 수 있다.

$$\tau = J\ddot{\theta}_m + c\dot{\theta}_m + n\tau_l \tag{9.21}$$

여기서,

$$J = J_m + n^2 J_l$$
$$c = c_m + n^2 c_l$$

이제 전기적 시정수 $T_e(= L_a/R_a)$가 기계적 시정수 $T_m(= J/c)$에 비해 충분히 작다고 가정하기로 한다. 즉, $L_a \simeq 0$으로 가정한다. 그리고 부하 토크 $\tau_l = 0$으로 가정한다. 이때 식 (9.7), (9.8), (9.9), (9.21)을 이용하면 다음과 같은 DC 서보모터의 동특성을 나타내는 2차 미분방정식을 얻을 수 있다.

$$J\frac{d^2\theta_m}{dt^2} + \left(c + \frac{K_t K_e}{R_a}\right)\frac{d\theta_m}{dt} = \frac{K_t}{R_a} V_a \tag{9.22}$$

따라서, DC 서보모터의 입력전압 V_a와 출력 각변위 θ_m 사이의 동특성을 나타내는 전달함수 $G(s)$는 다음과 같다.

$$G(s) = \frac{\theta_m(s)}{V_a(s)} = \frac{K_t/R_a}{Js^2 + \left(c + \dfrac{K_t K_e}{R_a}\right)s} \tag{9.23}$$

(4) 제어시스템의 응답 특성

제어시스템의 응답 특성은 시간역 및 주파수역에서 조사할 수 있다. 여기서는 시간역 성능을 조사하기 위하여 가장 많이 사용되고 있는 스텝응답에 대하여 설명하기로 한다. 스텝함수 신호는 발생시키고 평가하기가 가장 쉬운 입력신호로서 동적 시스템의 성능시험에 주로 사용되고 있다. 그림 9.7은 제어시스템의 전형적인 단위스텝응답을 나타내고 있다. 이 그림에 표시된 퍼센트 오버슈트(% overshoot; P.O.), 지연시간(delay time), 상승시간(rise time), 정착시간(settling time), 그리고 정상상태오차(steady-state error) 등은 단위스텝입력에 대한 시스템의 시간역 성능을 나타내는 데 사용하는 대표적인 사양(specification)들이다.

그림 9.7에 표시된 시간응답에 관한 사양들은 다음과 같이 정의된다.

① 퍼센트 오버슈트 P.O.

시간응답의 최댓값 y_p에서 정상상태응답 y_{ss}를 뺀 최대 오버슈트량 $M_p(= y_p - y_{ss})$를 정상상태응답 y_{ss}로 나눈 백분율로 정의한다.

그림 9.7 제어시스템의 전형적인 단위스텝응답

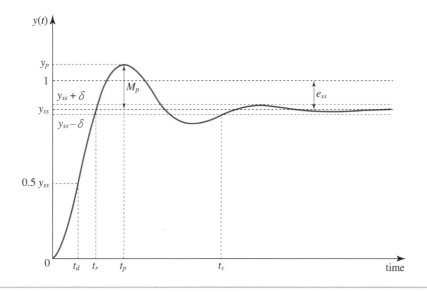

$$\text{P.O.} = \frac{y_p - y_{ss}}{y_{ss}} \times 100\%\tag{9.24}$$

그리고 시간응답이 최댓값 y_p가 될 때의 시간을 최댓값시간 t_p라고 한다.

② 지연시간 t_d

정상상태응답 y_{ss}의 50%에 도달하는 데 소요되는 시간으로 정의한다.

③ 상승시간 t_r

일반적으로 과감쇠(overdamped) 시스템(감쇠비 $\zeta > 1$인 시스템)에서는 정상상태응답 y_{ss}의 10%에서 90%, 그리고 경감쇠(underdamped) 시스템(감쇠비 $\zeta < 1$인 시스템)에서는 정상상태응답 y_{ss}의 0%에서 100%로 상승하는 데 소요되는 시간으로 정의한다.

④ 정착시간 t_s

출력의 크기가 어떠한 백분율 δ 내에서 안정하는 데 소요되는 시간으로 정의한다. 일반적으로 사용하는 δ값은 1%, 2%와 5%이다.

⑤ 스텝입력에 대한 정상상태오차 e_{ss}

스텝입력의 크기에서 과도응답이 충분히 지난 후의 출력, 즉 정상상태응답 y_{ss}의 크기를 뺀 값이다.

3 실험장치

모터 제어실험은 모터 제어실험용 키트(HBE-RoboMotoer) 혹은 서보–트레이너를 이용하여 실시한다. 그림 9.8과 9.9의 모터 제어실험용 키트(HBE-RoboMotoer)의 구체적인 장치소개와 실험방법 등은 별도로 배부한다.

그림 9.8 **모터 제어실험용 키트** (HBE-RoboMotoer)

그림 9.9 **모터 위치제어 실험용 모듈** (HBE-RoboMotoer)

그림 9.10 **서보−트레이너를 이용한 제어 실험장치**

그림 9.10은 서보−트레이너를 이용한 제어 실험장치이다. 실험장치의 구성요소 및 실험준비물은 다음과 같다.

- 서보−트레이너
  - DC 서보모터
  - DC 서보모터 구동장치(U-154B)
  - 전원공급장치(U-156B)
  - 퍼텐쇼미터(U-158B)
  - 태코미터(U-159B)
  - 태코앰프(U-155B, F/V 변환기)

- 컴퓨터
- PC lab 카드(DR DAS-12)
- C 컴파일러(Turbo C)
- 디스켓 1장(준비물)

그리고 컴퓨터 인터페이스 및 제어를 위한 프로그램의 구조는 다음과 같다.

```
/*                                                        */
/*              DC 서보모터의 제어실험 프로그램              */
/*    ( A/D 및 D/A 변환, 저장된 데이터를 그래프와 파일로 출력하는 루틴 )    */
/*                                                        */
```

(계속)

```c
#include <dos.h>
#include <conio.h>
#include <stdio.h>
#include <graphics.h>
#include <ctype.h>
#include <stdlib.h>
#define BASE 0x200      /* 딥(dip) 스위치에 의해 설정된 기준주소(base address) */
#define N 500                           /* 샘플될 데이터의 개수 */
float data[N];                          /* 샘플될 데이터를 저장할 변수 */
void DA_Convert( float volt )           /* D/A 변환 루틴 */
{
    unsigned int value;
    if( volt >= 10.0 ) volt = 9.999;        /* 입력전압 범위를 ±10 V로 제한 */
    else if( volt <= -10.0 ) volt = -9.999;
    value = (unsigned int) ( volt / 10.0 * 0x800 + 0x800 );
                                            /* 전압값에 해당하는 숫자로 변환 */
    outportb( BASE + 0, value & 0x00ff );           /* 하위 바이트(byte) 출력 */
    outportb( BASE + 1, ( value >> 8 ) & 0x000f );  /* 상위 바이트 출력 */
}


float AD_Convert( void )                    /* A/D 변환 루틴 */
{
    unsigned int high, low, value;
    outportb( BASE + 6, 0x80 );             /* A/D 변환을 시작시킴 */
    while( inportb( BASE + 1 ) & 0x80 );    /* 변환 완료 신호 체크 */
                                            /* 변환이 완료되지 않은 경우 대기 */
    high = inportb( BASE + 1 );             /* 상위 바이트 입력 */
    low = inportb( BASE + 0 );              /* 하위 바이트 입력 */
    value = ( ( high << 8 ) & 0x0f00 ) | ( low & 0x00ff );
                                            /* 상위와 하위 바이트를 합침 */
    if( value >= 0x0800 )               /* 입력전압이 (+)인 경우, 전압값으로 변환 */
        return 10.0 * ( value - 0x0800 ) / 0x0800;
    else                                /* 입력전압이 (-)인 경우, 전압값으로 변환 */
        return -10.0 * ( 0x0800 - value ) / 0x0800;
}
```

(계속)

```c
void output_result( void )    /* 저장된 데이터를 그래프와 파일로 출력해 주는 루틴 */
{
    int gd = DETECT, gm, mid_y;          /* 그래프에 관한 변수들 */
    FILE *storage;                       /* 파일 저장을 위한 파일 포인터 */
    char str[10], filename[13];          /* 숫자와 파일이름 */
    int i;
    initgraph( &gd, &gm, "" );           /* 그래픽 모드로 전환 */
    mid_y = getmaxy()/2;                 /* y축의 중앙위치를 구함 */
    line( 50, mid_y, 550, mid_y );       /* 좌표축 표시 */
    line( 50, mid_y - 200, 50, mid_y + 200 );
    for( i = -10; i <= 10; i+= 2 ) {
        line( 47, mid_y - 20 * i, 50, mid_y - 20 * i );
        sprintf( str, "%3d", i );
        outtextxy( 20, mid_y - 20 * i - 3, str );
    }
    moveto( 50, mid_y );
    for( i = 0; i < N; i++ )                  /* 저장된 데이터를 그림 */
        lineto( i + 50, mid_y - 20 * data[i] );
    getch();
    closegraph();                        /* 텍스트 모드로 전환 */
    printf( "Do you want to save ? (y/n)  " );  /* 파일로 저장할지 여부 결정 */
    if( tolower( getche() ) == 'y' ) {        /* 'y' 키를 누르면 파일이름 입력 */
        printf( "\nfile name : " );
        scanf( "%s", filename );                          /* 파일 열기 */
        if( ( storage = fopen( filename, "wt" ) ) == NULL ) {
                        printf( "File open error." );
                        exit( -1 );
        }
        for( i = 0; i < N; i++ )              /* 파일에 index와 데이터 저장 */
                fprintf( storage, "%d   %7.3f\n", i, data[i] );
        fclose( storage );                   /* 파일 닫기 */
    }
}
void main( void ){
    /* 이 부분은 각 실험에 적절한 프로그램을 삽입한다. */
}
```

4 실험방법

1 실험 (1): 퍼텐쇼미터의 각변위에 따른 출력전압 측정실험

퍼텐쇼미터는 회전축의 각변위에 비례하는 전압을 발생시키는 장치이다. 이 장치를 이용하여 DC 서보모터의 각변위에 따라 발생하는 출력전압을 A/D 변환기를 이용하여 읽어들이는 실험이다. 그림 9.11은 퍼텐쇼미터의 각변위에 따른 출력전압 측정 실험장치의 구성을 나타낸다.

그림 9.11 **퍼텐쇼미터의 각변위에 따른 출력전압 측정 실험장치**

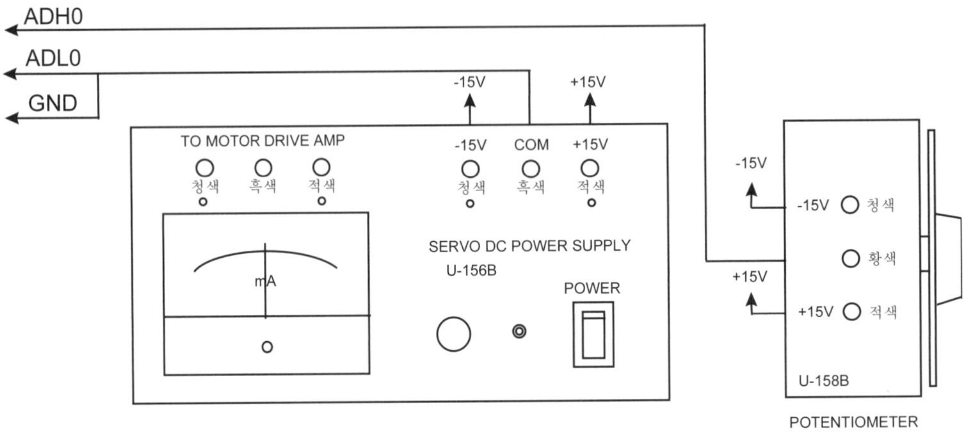

■ 실험절차 및 방법

● 퍼텐쇼미터(U-158B) 양단에 전원공급장치(U-156B)를 연결한다. 이때 전원의 +15 V는 퍼텐쇼미터의 적색단자, −15 V는 청색단자에 연결한다. 만약 이것을 반대로 연결한다면 출력전압의 부호가 반대로 된다.

● 퍼텐쇼미터(U-156B)의 출력단자와 COM 단자를 PC lab 카드의 A/D 변환기 채널 0에 연결한다. 이때 퍼텐쇼미터 출력(황색)은 A/D 변환기의 ADH0에 연결하고, 전원공급장치의 COM 단자는 ADL0와 GND에 연결한다.

● 전원공급장치(U-156B)의 전원스위치를 켠다. 이때 오버로드(O/L) 표시등이 점등되어 있는지 확인한다. 만약 점등되어 있다면 합선된 상태이므로 배선을 다시 점검해야 한다.

● 프로그램을 실행한다. 그러면 현재의 전압값이 컴퓨터 모니터의 화면상에 표시된다. 만약 이상이 있으면 프로그램을 점검한다.

● 퍼텐쇼미터(U-156B)의 손잡이를 돌려 표 9.1에 표시된 각변위에 위치시키고 컴퓨터 모니터의 화면상에 나타난 전압을 읽는다. 만약 전압이 많이 흔들려 읽을 수 없다면 컴퓨터 키보드 상의 아무 키나 눌러 프로그램을 종료시키고, Alt+F5 키를 눌러 화면상의 전압을 읽는다.

표 9.1 퍼텐쇼미터의 각변위에 따른 측정 데이터

각변위	출력전압 (V)
90°	
120°	
150°	
180°	
210°	
240°	
270°	

■ 프로그램

이 프로그램은 A/D 변환기 채널 0으로부터 계속해서 전압을 읽어들여 화면에 표시하는 프로그램이다.

```
void main( void )
{
  clrscr();                          /* 출력화면을 클리어한다. */

  while( !kbhit() )            /* key 입력이 있을 때까지 while 루프를 수행한다. */
    printf( "%5.2f\r", AD_Convert() );  /* A/D 변환된 값을 출력한다. */

  getch();                           /* key buffer에서 key를 제거한다. */
}
```

2 실험 (2): 서보모터 구동실험

DC 서보모터는 입력전압의 크기에 비례하여 회전운동을 하는 장치이다. 본 실험은 D/A 변환기를 통하여 입력된 전압의 크기에 따른 DC 서보모터의 회전속도 변화를 측정하기 위한 실험이다.

그림 9.12는 서보모터 구동실험장치의 구성을 나타낸다.

그림 9.12 **서보모터 구동실험장치**

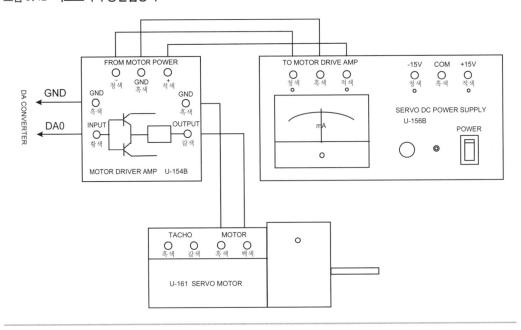

■ 실험절차 및 방법

● DC 서보모터 구동장치(U-154B)에 전원공급장치(U-156B)를 연결한다. DC 서보모터 구동 장치의 ±15 V, COM 단자를 각각 전원공급장치의 ±15 V, COM 단자에 연결해도 되고 TO MOTOR DRIVE AMP 쪽 전원에 연결해도 된다. 그러나 전원 극성에 주의해야 한다.

● DC 서보모터 구동장치(U-154B)의 출력을 DC 서보모터의 MOTOR 단자에 연결한다. 이때 단자의 색깔(GND는 흑색에 OUTPUT은 백색에 연결)에 주의한다. 그리고 입력은 PC lab 카드의 D/A 변환기 채널 0에 연결한다. 여기서 서보모터 구동장치의 INPUT 단자는 D/A 변환기의 DA0 단자에, 그리고 서보모터 구동장치의 GND 단자는 D/A 변환기의 GND 단자 에 연결한다.

● 전원공급장치(U-156B)의 전원스위치를 켠다. 이때 오버로드(O/L) 표시등이 점등되어 있는 지 확인한다. 만약 점등되어 있다면 합선된 상태이므로 배선을 다시 점검한다.

● 프로그램을 실행한다. 이때 화면상에는 0 V가 표시되고, DC 서보모터는 정지해 있다. 만약 그렇지 않다면 프로그램을 점검해야 한다.

● 'u' 또는 'd' 키를 눌러 입력전압을 증가 또는 감소시키며 실험을 수행한다. 'u' 키를 누르면 전압이 0.2 V씩 증가하고, 어느 전압(불감대) 이상이 되면 DC 서보모터가 구동하기 시작하 며, 전압이 증가함에 따라 점점 더 회전속도가 증가한다. 그리고 'd' 키를 누르면 전압이 감 소하고, 전압이 음(−)이 되면 반대방향으로 회전하기 시작한다. 그리고 실험을 종료시키고 싶으면 'q' 키를 누른다. DC 서보모터에 입력되는 전압에 따라 DC 서보모터의 회전속도와 회전방향이 어떻게 되는지 관찰한다.

■ 프로그램

이 프로그램은 'u' 키를 누르면 DC 서보모터의 입력전압을 0.2 V씩 증가시키고, 'd' 키를 누르면 입력전압을 0.2 V씩 감소시키는 프로그램이다.

```c
void main( void )
{
    int key;                                /* key 입력을 받을 변수 */
    float volt = 0.0;                       /* DC 서보모터의 입력전압값 */


    clrscr();                               /* 출력화면 클리어 */
    DA_Convert( volt );                     /* 초기 입력전압을 0 V로 */
    printf( "%5.2f\r", volt );              /* 초기 입력전압 표시 */


    while( ( key = tolower(getch()) ) != 'q' ) {    /* 'q'를 누르면 끝냄 */
                        /* key를 입력 받아 소문자로 변환하여 변수 key에 입력 */
        switch( key ) {                     /* key값 판별 */
        case 'u' : volt += 0.2;             /* 'u'를 누르면 입력전압을 0.2 V 증가시킴 */
                break;
        case 'd' : volt -= 0.2;             /* 'd'를 누르면 입력전압을 0.2 V 감소시킴 */
                break;
        }


        DA_Convert( volt );                 /* D/A 변환기를 이용하여 입력전압 출력 */
        printf( "%5.2f\r", volt );          /* 현재의 전압값 표시 */
    }
    DA_Convert( 0.0 );                      /* DC 서보모터를 정지시킴 */
}
```

3 실험 (3): 비례제어기를 이용한 DC 서보모터 제어실험

실험 (1)과 (2)에서 퍼텐쇼미터의 전압을 읽어들임으로써 각변위를 측정할 수 있었고, D/A 변환기로 전압을 출력해 줌으로써 DC 서보모터의 회전속도 및 회전방향의 변화를 줄 수 있음을 알았다. 이를 이용하여 DC 서보모터의 비례제어 시스템을 구성하면 우리가 원하는 각변위에 DC 서보모터의 회전축을 위치시킬 수 있다. 그림 9.13은 비례제어기를 이용한 DC 서보모터의 위치제어 실험장치의 구성을 나타낸다.

그림 9.13 비례제어기를 이용한 DC 서보모터의 위치제어 실험장치

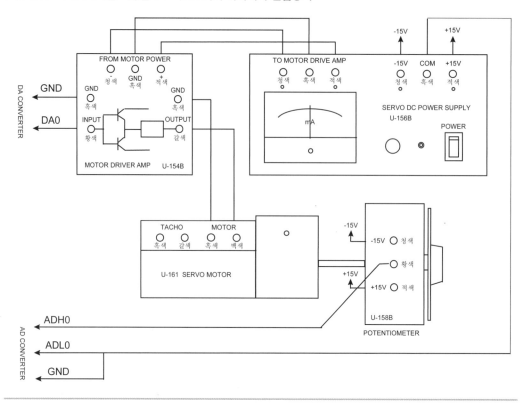

■ 실험절차 및 방법

● DC 서보모터 구동장치(U-154B)에 전원공급장치(U-156B)를 연결한다. DC 서보모터 구동
장치의 ±15 V, COM 단자를 각각 전원공급장치의 ±15 V, COM 단자에 연결해도 되고 TO
MOTOR DRIVE AMP 쪽 전원에 연결해도 된다. 그러나 전원 극성에 주의해야 한다.

● DC 서보모터 구동장치(U-154B)의 출력을 DC 서보모터의 MOTOR 단자에 연결한다. 이때
단자의 색깔(GND는 흑색에, OUTPUT은 백색에 연결)에 주의한다. 그리고 입력은 PC lab
카드의 D/A 변환기 채널 0에 연결한다. 여기서 DC 서보모터 구동장치의 INPUT 단자는
D/A 변환기의 DA0 단자에, 그리고 DC 서보모터 구동장치의 GND 단자는 D/A 변환기의
GND 단자에 연결한다.

● 퍼텐쇼미터(U-158B) 양단에 전원공급장치(U-156B)를 연결한다. 이때 전원의 +15 V는 퍼
텐쇼미터의 적색단자, −15 V는 청색단자에 연결한다. 만약 이것을 반대로 연결한다면 출력
전압의 부호가 반대로 된다.

● 퍼텐쇼미터(U-156B)의 출력단자와 COM 단자를 PC lab 카드의 A/D 변환기 채널 0에 연결
한다. 이때 퍼텐쇼미터의 출력(황색)은 A/D 변환기의 ADH0에 연결하고, 전원공급장치의
COM 단자는 ADL0와 GND에 연결한다.

- 전원공급장치(U-156B)의 전원스위치를 켠다. 이때 오버로드(O/L) 표시등이 점등되어 있는지 확인한다. 만약 점등되어 있다면 합선된 상태이므로 배선을 다시 점검한다.

- DC 서보모터의 출력축을 퍼텐쇼미터(U-156B)의 고무바킹에 삽입하여 모터축과 퍼텐쇼미터가 함께 회전할 수 있도록 한다. 이때 가능한 한 꺾임이 없도록 연결하여 부드럽게 돌 수 있도록 한다.

- 퍼텐쇼미터를 0 V에 해당하는 180°에 위치시키고 프로그램을 실행시켜 실험을 수행한다. 그러면 DC 서보모터가 기준입력(3 V)에 해당하는 각변위로 회전하고 멈춘다. 여기서는 비례제어게인 $K = 0.7$로 선정되어 있다. 이에 대한 출력응답을 화면상에 표시한 다음 파일로 저장할 것인지 물어본다. 이때 'y' 키를 누르면 파일이름을 물어오고 여기에 파일이름을 입력하면 데이터가 지정된 파일에 저장된다. 그리고 실험결과 보고서 작성을 위해 실험에 의해 얻은 데이터를 또한 디스켓에 저장한다.

- 만약 이상이 있다면 프로그램과 배선을 점검한다. DC 서보모터가 해당 위치로 수렴하지 않고 발산한다면 대체적으로 배선이 반대로 된 경우이므로, 서보모터 쪽 MOTOR 단자의 배선을 반대로 해본다. 그리고 만일 그래프가 불연속으로 나온다면 F9 키를 눌러 실행파일을 만들고 나서 Turbo C 통합 에디터를 빠져나와 커맨드 프롬프트상에서 프로그램 이름을 입력하여 프로그램을 실행시킨다.

■ 프로그램

이 프로그램은 A/D 변환기로부터 퍼텐쇼미터의 전압을 입력받아 기준전압과 비교하고, 그 오차에 적절한 비례제어게인을 곱하여 제어입력을 만들며, 이를 D/A 변환기를 통하여 출력하는 프로그램이다. 또한, 입력된 데이터들을 배열로 저장하였다가 필요에 따라 그래프와 파일로 출력할 수 있도록 한다.

```
void main( void )
{
    float r = 3.0,                  /* 기준입력 */
          K = 0.7,                  /* 비례제어게인 */
          e,                        /* 오차 */
          y,                        /* 퍼텐쇼미터의 각변위 출력 */
          u;                        /* 제어입력 */
    int i = 0;                      /* 데이터 저장을 위한 index */


    do {
        y = AD_Convert();           /* 각변위 입력 */
```

(계속)

```
        e = r - y;                  /* 오차 계산 */
        u = K * e;                  /* 제어입력 계산 (비례제어)*/
        D/A_Convert( u );           /* 제어입력 출력 */
        if( ( i % 50 ) == 0 )       /* 샘플링 속도가 너무 빠르기 때문에 */
            data[i/50] = y;         /* 50번 샘플링할 때 한 번 저장 */
        i++;                        /* index 증가 */
    } while( i < 50 * N );          /* 500번 샘플링할 때까지 */

    output_result();                /* 결과를 그래프 및 파일로 출력 */
}
```

4 실험 (4): 태코미터의 회전속도에 따른 출력전압 측정실험

태코미터는 회전체의 회전속도에 비례하는 신호를 발생시키는 장치이다. 태코미터로부터 계측된 신호를 태코앰프를 거쳐 전압신호로 변환하고, A/D 변환기를 통하여 이를 읽어들이는 실험이다. 그림 9.14는 태코미터의 회전속도에 따른 출력전압 측정 실험장치의 구성을 나타낸다.

■ 실험절차 및 방법

● DC 서보모터 구동장치(U-154B)에 전원공급장치(U-156B)를 연결한다. DC 서보모터 구동장치의 ±15 V, COM 단자를 각각 전원공급장치의 ±15 V, COM 단자에 연결해도 되고 TO MOTOR DRIVE AMP 쪽 전원에 연결해도 된다. 그러나 전원 극성에 주의해야 한다.

● DC 서보모터 구동장치(U-154B)의 출력을 DC 서보모터의 MOTOR 단자에 연결한다. 이때 단자의 색깔(GND는 흑색에, OUTPUT은 백색에 연결)에 주의한다. 그리고 입력은 PC lab 카드의 D/A 변환기 채널 0에 연결한다. 여기서 DC 서보모터 구동장치의 INPUT 단자는 D/A 변환기의 DA0 단자에, DC 서보모터 구동장치의 GND 단자는 D/A 변환기의 GND 단자에 연결한다.

● 태코앰프(U-155B)의 입력단자는 DC 서보모터의 TACHO 단자에, 출력단자(METER)는 태코미터(U-159B)의 INPUT 단자와 PC lab 카드의 A/D 변환기의 ADH0에 연결하고, G 단자는 태코미터(U-159B)의 GND 단자와 A/D 변환기의 ADL0와 GND 단자에 연결한다.

● 전원공급장치(U-156B)의 전원스위치를 켠다. 이때 오버로드(O/L) 표시등이 점등되어 있는지 확인한다. 만약 점등되어 있다면 합선된 상태이므로 배선을 다시 점검해야 한다.

그림 9.14 태코미터의 회전속도에 따른 출력전압 측정 실험장치

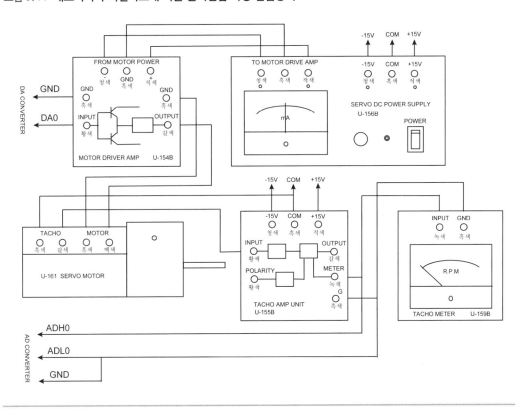

● 프로그램을 실행한다. 표 9.2에 표시된 입력전압을 입력하면 DC 서보모터는 이 전압에 해당하는 회전속도로 회전하게 되고 태코미터에는 rpm 단위로 표시된다. 만약 이상이 있다면 프로그램과 배선을 점검한다.

표 9.2 서보모터 입력전압에 따른 출력 데이터

모터 입력전압(V)	회전속도(rpm)	태코미터 출력전압(V)
1		
2		
3		
4		
5		

■ 프로그램

이 프로그램은 D/A 변환기를 이용하여 DC 서보모터를 원하는 전압으로 구동시키고, 이에 따른 태코미터의 출력전압을 A/D 변환기를 통하여 읽어들여 화면에 표시하는 프로그램이다.

```
void main( void )
{
    float volt;

    clrscr();                                    /* DC 서보모터에 입력될 전압을 입력받음 */
    printf( "input voltage : " );
    scanf( "%f", &volt );
    D/A_Convert( volt );

    printf( "\nTacho Generator output :\n" );    /* 태코미터 출력전압 표시 */
    while( !kbhit() )
        printf( "%6.2f\r", AD_Convert() );

    getch();
}
```

5 실험 (5): 비례제어기를 이용한 DC 서보모터의 속도제어 실험

실험 (3)에서는 퍼텐쇼미터의 출력전압을 피드백하여 위치제어를 수행하였다. 그러나 이 실험에서는 태코미터의 전압을 피드백하여 DC 서보모터의 속도제어를 수행한다. 그림 9.15는 비례제어기를 이용한 DC 서보모터의 속도제어 실험장치의 구성을 나타낸다.

■ 실험절차 및 방법
  ● 각 구성요소 간의 연결은 실험 (4)와 동일하다. DC 서보모터 구동장치(U-154B)에 전원공급장치(U-156B)를 연결한다. DC 서보모터 구동장치의 ±15 V, COM 단자를 각각 전원공급장치의 ±15 V, COM 단자에 연결해도 되고 TO MOTOR DRIVE AMP 쪽 전원에 연결해도 된다. 그러나 전원 극성에 주의해야 한다.
  ● DC 서보모터 구동장치(U-154B)의 출력을 DC 서보모터의 MOTOR 단자에 연결한다. 이때 단자의 색깔(GND는 흑색에, OUTPUT은 백색에 연결)에 주의한다. 그리고 입력은 PC lab 카드의 D/A 변환기 채널 0에 연결한다. 여기서 DC 서보모터 구동장치의 INPUT 단자는 D/A 변환기의 DA0 단자에, DC 서보모터 구동장치의 GND 단자는 D/A 변환기의 GND 단자에 연결한다.

그림 9.15 비례제어기를 이용한 서보모터의 속도제어 실험장치

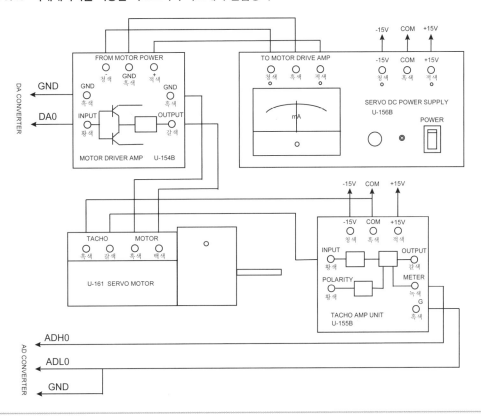

- 태코앰프(U-155B)의 입력단자는 DC 서보모터의 TACHO 단자에, 출력단자(METER)는 태코미터(U-159B)의 INPUT 단자와 PC lab 카드의 A/D 변환기의 ADH0에 연결하고, G 단자는 태코미터(U-159B)의 GND 단자와 A/D 변환기의 ADL0와 GND 단자에 연결한다. 이 연결은 하지 않아도 무방하다.
- 전원공급장치(U-156B)의 전원스위치를 켠다. 이때 오버로드(O/L) 표시등이 점등되어 있는지 확인한다. 만약 점등되어 있다면 합선된 상태이므로 배선을 다시 점검해야 한다.
- 프로그램을 실행한다. 이때 DC 서보모터는 기준전압에 해당하는 회전속도로 회전하게 된다. 그리고 여기서 측정된 데이터를 그래프로 화면상에 표시하고 파일로 저장할 것인지를 묻게 된다. 이때 'y' 키를 누르면 또한 파일이름을 묻는다. 이때 파일이름을 입력하면 데이터가 지정된 파일에 저장된다.
- 만약 이상이 있다면 프로그램과 배선을 점검한다. 이 실험에서는 DC 서보모터 쪽의 배선이 반대로 되어 있어도 상관은 없다.
- 표 9.3에 표시된 비례제어게인 K 값을 변화시키며 실험을 반복수행한다. 각각의 실험에서 얻은 데이터를 적절한 파일이름으로 저장한다. 그리고 이 파일을 디스켓에 복사한다.

표 9.3 **비례제어게인 K값에 따른 파일이름**

K	파일이름
1	
5	
10	
15	
20	

■ 프로그램

이 프로그램은 퍼텐쇼미터의 위치 값을 읽는 대신 태코미터의 출력전압을 읽는다는 사실만 다르고, 프로그램 자체는 위치제어 프로그램과 동일하다.

```
void main( void )
{
    float r = 3.0,                  /* 기준입력 */
          K = 1.0,                  /* 비례제어게인 (이 값을 변화시키며 실험한다.) */
          e,                        /* 오차 */
          y,                        /* 태코미터의 출력 */
          u;                        /* 제어입력 */
    int i = 0;                      /* 데이터 저장을 위한 index */


    do {
        y = AD_Convert();           /* 회전속도 입력 */
        e = r - y;                  /* 오차 계산 */
        u = K * e;                  /* 제어입력 계산 (비례제어)*/
        DA_Convert( u );            /* 제어입력 출력 */
        if( ( i % 50 ) == 0 )       /* 샘플링 속도가 너무 빠르기 때문에 */
            data[i/50] = y;         /* 50번 샘플링할 때 한 번 저장 */
        i++;                        /* index 증가 */
    } while( i < 50 * N );          /* 500번 샘플링할 때까지 */

    output_result();                /* 결과를 그래프 및 파일로 출력 */
}
```

5 실험결과 분석 및 고찰

- 실험 (1)에서 출력전압과 퍼텐쇼미터 각변위 사이의 관계식을 구한다.
- 실험 (4)에서 태코미터의 회전속도와 출력전압 사이의 관계식을 구한다.
- DC 서보모터는 입력전압과 회전속도 사이에 비례관계를 찾는다. 이를 실험 (4)에서 입력전압에 따른 회전속도를 그래프로 나타내어 확인한다.
- 표 9.4에 표시된 비례제어게인 K값에 따른 제어시스템의 시간응답을 그래프로 나타내고, 각각의 경우에 대한 상승시간 t_r, 최대 오버슈트량 M_p, 2% 정착시간 t_s, 단위스텝입력에 대한 정상상태오차 e_{ss}를 계산하여 표 9.4를 완성한다(저장된 한 데이터당 샘플링주기는 $2m_s$이다. 이 값은 함수발생기를 이용하여 정해진 주파수의 사각파를 입력하고 실험 (3)의 프로그램을 실행시켜 사각파 한 주기 동안의 index 증가량을 체크해 봄으로써 알 수 있다).
- 실험 (3)과 실험 (5)에서 비례제어게인 K값에 따른 DC 서보모터 제어시스템의 응답 특성을 평가한다.

표 9.4 **비례제어게인 K값에 따른 제어시스템의 응답**

구 분	K	t_r	M_p	t_s	e_{ss}
위치제어	0.7				
속도제어	1				
	5				
	10				
	15				
	20				

6 보고서 작성

실험보고서는 공학작문에서 학습한 보고서 작성요령을 기초로 하여 창의적이고 개성 있게 작성한다.

1 예비보고서

다음과 같은 내용을 공부하여 요약 · 정리한다.

- DC 서보모터의 원리와 구조, 동특성
- 속도제어 및 위치제어

● 유한 영점이 없는 1차, 2차 시스템의 과도응답

● 회전축의 각도 및 각속도 측정에 사용되는 퍼텐쇼미터와 태코미터의 구조와 원리

2 결과보고서

결과보고서는 아래 순서에 따라 각 장에 필요한 내용을 충실하고 간명하게 기술한다.

(1) 제목(표지)

(2) 실험목적 및 이론

실험목적과 실험내용 개요를 간명하게 서술한다.

(3) 실험장치 및 방법

실험에 사용되는 실험장치의 구성과 구성요소를 간결하게 소개하고, 실험방법의 핵심적인 내용을 간명하게 기술한다.

(4) 실험결과 분석 및 고찰

① 실험 데이터 및 조건정리

실험에서 측정한 자료와 실험환경을 포함한 실험조건을 모두 기록한다. 이 내용물은 실험활동의 핵심내용을 제시하는 것이 된다.

② 분석, 결과 종합 및 고찰

실험목적과 내용에 따라 실험 측정자료를 분석·종합하고 고찰한 내용을 기술한다. 분석과 종합을 하는 과정에서 측정자료를 곡선적합(curve fitting), 통계처리, 유도식을 이용한 2차 자료 산출 등의 실험 데이터 가공을 하는 경우에는 그 가공과정을 반드시 기술한다. 가능하면 측정, 분석자료를 표나 그림 등으로 분류·정리하여 제시하고, 표와 그림의 의미와 내용을 간명하게 나타내는 적합한 제목을 붙인다.

(5) 결론

실험에 의한 측정자료를 기초로 실험결과를 종합하고, 분석·검토·요약하며, 실험에 기초한 실험자 자신의 핵심(중요)결론을 간명하게 서술한다.

(6) 참고문헌

실험자가 실제 참고한 문헌을 대한기계학회 논문집의 참고문헌 기술양식에 따라서 수록한다.

● 참고문헌 ───────────────────────────────────

1. Norman S. Nise, Control Systems Engieering, 5th ed., Willey, 2007.

2. K. Ogata, Modern Control Engineering, 3rd. ed., Prentice-Hall, 1997.

3. 강철구, 권욱현, 박영필, 이교일, 현대 제어공학(2판), 희중당, 1993.

4. R. Dorf, R. H. Bishop, Modern Control Systems, 7th. ed., Addison-Wesley, 1995.

5. 박홍배, 이균경, 최신 제어시스템(6판), 반도출판사, 1992.

6. 김종식, 이민철, 한명철, 최재원, 제어시스템 설계, 청문각, 1997.

7. 안중환, 이민철, 최재원, 황상문, 컴퓨터를 이용한 기계공학 기초실험, 청문각, 1997.

8. 다림시스템, [DR_DAS 12] 사용자 설명서, 1992.

9. G. F. Franklin, J. D. Powell, A. Emami-Naeini, Feedback Control of Dynamic Systems, 3rd.
   ed. Addison-Wesley, 1994.

10. 정성종, 김종식, 이재원, 한도영, 동적 제어시스템, 반도출판사, 1995.

실험
10

PLC 응용실험

◼ 실험목적

자동화된 기계시스템은 사용자(user)나 센서의 입력을 받아 정해진 로직(logic)이나 가동순서에 따라 모터, 솔레노이드, 스위치와 같은 출력장치를 제어하는 시스템이다. 입력과 출력 사이의 관계와 동작을 정해주는 로직이나 가동순서는 PC를 이용하여 컴퓨터프로그래밍(예: C 언어)으로 수행할 수도 있으며, ATmega128과 같은 마이크로컴퓨터를 이용하여 설계할 수도 있다. PLC (Programmable Logic Controller)는 이러한 컴퓨터나 제어기 역할을 수행하는 장치로 컴퓨터제어에 대한 기본지식이 없는 현장, 공장의 작업자가 손쉽게 필요한 제어로직을 설계할 수 있도록 제작된 제어기의 일종이다.

일반적으로 생산자동화를 위한 기술로는 센서기술, 유공압, 생산네트워크 기술, 서보 제어기술, 시퀀스 제어기술 등이 있고, 이러한 요소기술을 통합화한 소규모의 단위 자동화를 위해서는 PLC 인터페이스 기술이 필요하다.

본 장에서는 PLC의 명령구조, 사용법, 이용범위 등을 이해하고, 이를 응용하여 현장에서 자동화기기를 운용하기 위한 능력을 배양하는 데 목적이 있다.

◼ 실험내용 및 이론적 배경

1 실험내용

본 실험에서는 PLC의 동작이해를 위한 입출력점 간의 결선을 통한 시스템 동작의 확인, 래드 다이어그램 작성과 실행을 통한 스테핑 모터의 제어 및 선형운동 모듈의 이송을 제어하는 실험과 다양한 물체가 흘러가는 컨베이어 시스템에서 물체의 특성에 따라 센서의 입력을 달리하여 입력의 상태에 따라 공압밸브를 이용해 물체를 분류하는 실험을 PLC 로직 프로그램인 래더 로직 다이어그램(ladder logic diagram)을 작성하여 수행한다.

2 이론적 배경

실험에 앞서 PLC의 래더 다이어그램의 기본이 되는 디지털 논리체계의 이해를 위한 불대수와 기초연산자, 로직의 단순화 방법 등에 대해 살펴본다.

(1) 불대수(Boolean algebra)

불대수란 2진 변수와 논리동작을 기술하는 대수를 말한다. 논리회로의 형태와 같은 구조를 기술하는 데 필요한 수학적 이론으로 변수들의 입출력 관계를 대수적으로 쉽게 표현할 수 있다. 2진 변수란 참(T, ON)과 거짓(F, OFF)의 두 값만을 가지는 변수이다.

표 10.1

이 름	기 호	예	위 치
AND	·	$A \cdot B$	A와 B가 모두 참이여야 참이 된다.
OR	+	$A + B$	A와 B 중 하나만 1이라도 참이 된다.
NOT	−	$\overline{A}$	A가 참이면 거짓, A가 거짓이면 참이다.

① 기초연산자

불 논리표현을 구성하기 위해 단지 세 개의 연산자가 필요하다. 이를 표 10.1에 정의하였다.

② 대수학적 단순화

불대수는 일반 대수법칙과 비슷한 정리와 법칙을 갖는다.

- 포함(inclusion)정리
- 특성화(characteristic)정리
- 흡수(absorptive)법칙
- 배분(distributive)법칙
- 드모르간(Demorgan)법칙
- 교환(commutative)법칙
- 등멱(idempotent)정리
- 부정(negative)정리

③ 논리식의 단순화

불대수는 논리표현식을 아주 간단한 모양으로 축소시키는 효과적인 방법이다. 그러나 실제 문제의 로직은 복잡한 논리식을 포함하는 경우가 많으며, 이를 해석하는 일은 간단하지 않다. 디지털 회로이론에서는 그래프 분석기법인 카르노 맵과 같은 방법을 사용하여 논리식을 단순화한다. 이는 논리항을 나열하고 전체 논리표현식으로부터 식들의 제거를 통해 이들을 그룹화하는 것이다. 논리식 단순화의 근거는 보수법칙(law of complements)과 특성화 정리이다.

$$A + \overline{A} = 1 (보수법칙)$$
$$X \cdot 1 = X (특성화\ 정리)$$

(2) 래더 로직 다이어그램(ladder logic diagram)

래더 다이어그램은 프로그램 가능 제어기의 언어이다. 래더 다이어그램은 논리 AND 연산자의 직렬회로나 논리 OR의 병렬회로에 분석이 용이하다.

래더 다이어그램의 표현은 그림 10.1과 같다.

그림 10.1 **래더 다이어그램의 표현**

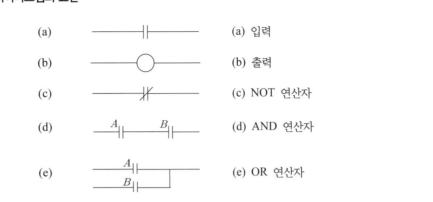

(a)	(a) 입력
(b)	(b) 출력
(c)	(c) NOT 연산자
(d)	(d) AND 연산자
(e)	(e) OR 연산자

래더 다이어그램을 이용한 간단한 예제를 들면 아래의 논리식은 그림 10.2와 같은 다이어그램으로 표현될 수 있다.

$$X = A \cdot B$$
$$Y = A + B$$
$$Z = \overline{A} + B$$

그림 10.2 **래더 다이어그램 예제**

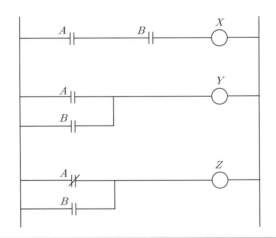

(3) PLC의 작동원리

PLC는 입출력장치 및 프로그램으로 기계나 프로세서 작업을 제어하는 장치가 결합되어 구성된다. NEMA(미국전기공업협회)의 정의로는 '기계나 프로세서를 제어하기 위해 논리 시퀀스, 카운터, 타이머, 산술연산 기능을 첨가시킨 디지털 전자장치'로 PLC를 규정하고 있다.

PLC의 세 가지 주요 부분은 프로세서와 메모리, 전원공급장치이다. 센서들로부터 입력신호를 받아서 메모리에 저장된 사용자 프로그램을 실행시켜 필드의 각 제어장치로 출력명령을 내보낸다.

이와 같이 입력을 읽고 프로그램을 진행시켜 출력신호를 내보내는 연속된 진행과정을 스캐닝이라고 한다.

전압공급장치는 CPU의 적절한 동작을 위해 필요한 전압을 공급한다. 입출력장치는 필드장치들과 연결되어 있다. 이것을 인터페이스(interface)라고 하는데, 인터페이스란 필드장치로부터 주고받는 신호들의 경계에서 2개의 장치를 연결하는 하드웨어적 구성을 말한다. 즉, 푸시 버튼, 나이프 스위치, 텀버휠 스위치, 셀렉터 스위치, 아날로그 센서들과 같이 센서로부터 전달받은 신호들은 입력 인터페이스에 있는 터미널로 연결된다. 그리고 솔레노이드 밸브, 파일럿 램프, 모터 가동기, 포지션 스위치 같은 제어장치들은 출력 인터페이스 터미널에 연결된다. 프로그램의 교체 또는 입력, 모니터링이 필요할 때는 컨트롤러에 프로그램 장치를 추가로 연결시켜 작업을 수행한다.

주의 물탱크 수위 자동조절 시스템

그림 10.3은 래더 다이어그램을 이용한 시스템 제어의 예를 보여준다. 물탱크의 수위를 PLC로 제어하는 시스템에 대해 살펴본다. 물의 수위는 저수위, 중수위, 고수위로 나누어지고 탱크에는 저수위와 고수위를 감지하는 센서 P0와 P1이 설치되어 있다.

PLC의 접점은 a 타입(─┤├─)과 b 타입(─┤/├─)으로 나누어지며 PLC의 전원인가 시에 a 타입은 OFF, b 타입은 ON으로 초기화된다. 래더 다이어그램은 모두 5개의 스텝으로 이루어져 있다. M0는 PLC 내부에 존재하는 내부접점으로, 출력을 입력으로 다시 되돌리기 위해 사용된다. 수위조절을 위한 PLC의 동작을 탱크 내의 물수위의 상태별로 정리하면 다음과 같다.

① 저수위 상태

　　Step 1: P0=ON, M0=OFF, P1=ON → M0=ON

　　Step 2: M0=ON → P20=ON (펌프를 가동시켜 물의 충수를 진행)

　　Step 3: P0=ON → P21=ON (저수위 램프를 켜서 저수위임을 알림)

　　Step 4: P1=OFF → P23=OFF (고수위 램프를 OFF)

　　Step 5: P0=OFF, P1=ON → P22=OFF (중수위 램프를 OFF)

② 중수위 상태(충수 상태)

　　Step 1: P0=OFF, M0=ON, P1=ON → M0=ON

　　Step 2: M0=ON → P20=ON (펌프를 가동시켜 물의 충수를 진행)

　　Step 3: P0=OFF → P21=OFF (저수위 램프를 OFF)

　　Step 4: P1=OFF → P23=OFF (고수위 램프를 OFF)

　　Step 5: P0=ON, P1=ON → P22=ON (중수위 램프를 ON)

그림 10.3 래더 다이어그램 응용 예

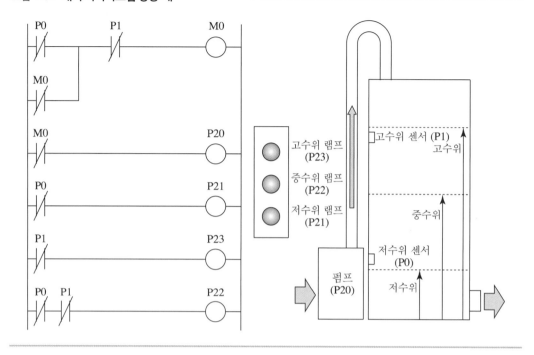

③ 고수위 상태

    Step 1: P0=OFF, M0=ON, P1=OFF → M0=OFF

    Step 2: M0=OFF → P20=OFF (펌프를 정지시켜 물의 충수를 중단)

    Step 3: P0=OFF → P21=OFF (저수위 램프를 OFF)

    Step 4: P1=ON → P23=ON (고수위 램프를 ON)

    Step 5: P0=ON, P1=OFF → P22=OFF (중수위 램프를 OFF)

④ 중수위 상태(충수하지 않을 경우)

    Step 1: P0=OFF, M0=OFF, P1=ON → M0=OFF

    Step 2: M0=OFF → P20=OFF (펌프를 정지시켜 물의 충수를 중단)

    Step 3: P0=OFF → P21=OFF (저수위 램프를 OFF)

    Step 4: P1=OFF → P23=OFF (고수위 램프를 OFF)

    Step 5: P0=ON, P1=ON → P22=ON (중수위 램프를 ON)

(4) PLC의 구조

    PLC의 내부에는 논리식의 연산을 담당하는 중앙처리장치, 제어기에 필요한 프로그램 및 각종 데이터를 저장하는 메모리, 시스템 전원장치, 프로그램 입력과 수행과정의 출력을 담당하는 입출력장치가 존재한다.

그림 10.4 **PLC 내부구조 개략도**

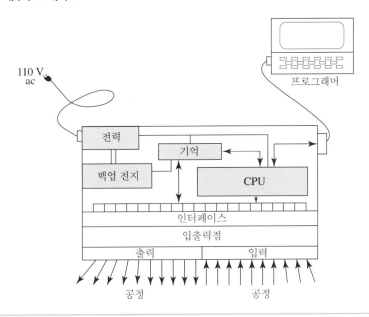

- 중앙처리장치(CPU): 프로그램을 수행하며 각종 입출력을 제어한다.
- 메모리(memory): 프로그램 및 데이터를 기억한다.
- 전원공급장치(power supply): PLC 및 출력에 필요한 전원을 공급한다.
- 입출력장치(input/output device): 입력과 출력을 수행한다.

(5) 실제 현장에서 PLC 적용 예

PLC는 제분소, 제지공업, 식품가공업, 화학, 자동차, 전력 플랜트 등 사실상 대부분의 산업 분야에 성공적으로 적용되고 있다. PLC는 반복되는 ON-OFF 기능의 단순 기계분야뿐만 아니라 복잡한 산업 프로세서 제어분야에 이르기까지 다양하게 적용된다.

① 화학/섬유화학

배치 프로세서, 원료 취급, 계량, 혼합, 후처리, 폐수처리, 배관 제어, 제반

② 유리/필름

프로세서, 경화, 후처리, 포장, 원료 취급

③ 제조/기계

에너지 수급, 선반가공, 컨베이어, 결속기, 밀링, 그라인딩, 보링, 기중기, 도금, 용접, 회화, 주조, 금속주조

④ 식음료

원료취급, 양조, 증류, 혼합, 컨테이너, 취급, 포장, 주유, 계량, 후처리, 분류, 컨베이어, 적재,

선적, 하역, 창고 입출고

⑤ 광산

원료 컨베이어, 광석 프로세서, 선·하적, 폐수관리

⑥ 금속

용광로 제어, 연속식 주물, 밀링가공, 압착구

⑦ 제지/목재

배치 다이제스트, 칩 취급, 코팅, 래핑/스테핑

⑧ 전력

석탄취급, 버너제어, 열기송관 제어, 원료격납

1979년까지 PLC에 대한 선택은 두 가지로 한정되어 있었다. 첫 번째는 값이 비교적 싸고 기능은 다양하지 않은 형태였다. 이런 컨트롤러는 작은 전자 릴레이 시스템을 고체회로 제어시스템으로 변환시키기 위한 목적으로 설계되었다. 따라서 프로그래밍이 약간 지루하고 소프트웨어 기능이 제한되어 있었다.

컨트롤러의 두 번째 형태는 크고 값이 비싼 컨트롤러와 미니컴퓨터 사이의 차이점을 연결시켜주는 것으로 설계되었다. 이 두 가지 컨트롤러의 기능은 다소간 선택상의 제한을 주는 것이었다. 값싼 시스템은 한계성이 많고, 값비싼 컨트롤러는 기능의 낭비를 발생시켰다.

오늘날 사용상의 적용범위가 넓어져 생산에 따른 세밀한 적용 기회가 주어졌으나 가장 적합한 시스템을 선택한다는 점에서는 고려 사항이 많아졌다. 이러한 상황은 입출력과 메모리 용량에 기준을 둔 등급이 더 이상은 적합하지 않다는 것을 의미한다.

일반적으로 PLC는 소형, 중형, 대형과 같이 크게 세 가지로 분류된다. 각각은 뚜렷한 특성을 갖고 있다. 시장이 점차 커짐에 따라 새로운 수요가 늘어나고 세 가지 주요 부분이 점차 구별되기 시작했다. 예를 들면, 소형 PLC는 대형 PLC의 일부분을 차지하게 되었다. 따라서 I/O나 메모리의 규격이 PLC 선택에 대한 절대적 정보는 되지 못하게 되었다.

소형 PLC의 경우는 128 I/O, 중형은 1024 I/O, 대형은 2048 I/O 카운터로 볼 수 있는데, 점차 시장의 증가에 따라 32 I/O 카운터인 마이크로 컨트롤러(소형 PLC)와 8192 I/O 카운터(초대형 PLC)의 개발이 이루어졌다.

3 실험장치

실험에 사용하는 ED-4260 PLC Training-Kit는 LS산전의 GLOFA-GM4 PLC를 사용한 PLC 실습용 기자재로서, 전원을 공급하는 POWER SUPPLY와 입력전용 모듈인 IM-4260-2,

출력전용 모듈인 OM-4260-3, 그리고 모터 실습을 할 수 있는 PM-4260-4와 PLC 및 각 모듈과
의 연결을 쉽게 하기 위해서 PLC의 각 IO단자와 COM단자를 연장해 놓은 Main Frame으로
구성되어 있다.

그림 10.5 **ED-4260 실습기**

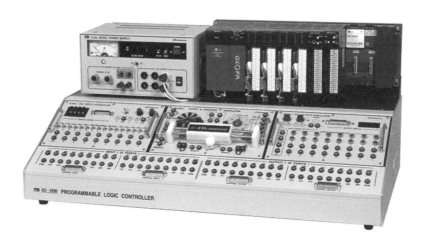

그림 10.6 **ED-4260의 구성**

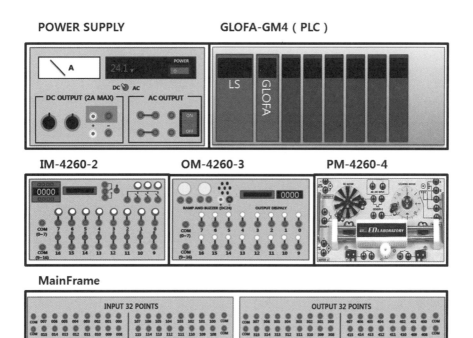

① GLOFA-GM4 PLC의 사양

표 10.2

PLC Unit: GLOFA-GM4		
제어방식	Stored 프로그램방식, 반복연산, 정주기연산, 인터럽트연산	
입출력 제어방식	스캔동기 일괄처리 방식(Direct 입출력 평션에 의한 즉시 입출력 가능)	
프로그램 언어	LD(Ladder Diagram), IL(Instruction List), SFC(Sequential Function)	
언어구성체 종류	오퍼레이터	LD 13개, IL 21개
	기본평션	109개
	기본 평션블록	11개
	전용 평션블록	특수기능 모듈별
연산처리 속도	오퍼레이터	0.2μs/명령
	기본평션, 평션블록	0.2μs/step
프로그램 메모리 용량	128 kbytes(32 kstep)	
최대 입출력 점수	512점(16점 모듈 사용 시), 1,024점(32점 모듈 사용 시)	
데이터 메모리	직접변수 영역	2~16 kbytes(파라미터로 영역설정)
	심볼릭변수 영역	52 kbytes(직접변수 영역)
타이머	점수는 제한없음(1점당 심볼릭 변수영역 20 bytes 점유)	
	시간범위	0.001초~4,292,967.295초(1,193시간)
카운터	점수는 제한없음(1점당 심볼릭 변수영역 8 bytes 점유)	
	계수범위	−32,768~+32,767
운전모드	RUN, STOP, PAUSE, DEBUG	
정전 시 데이터 보존	변수정의 시 보존(Retain)으로 설정된 데이터	
프로그램 블록수	180개	
프로그램 종류	스캔	태스크 프로그램으로 등록하지 않은 프로그램
	정주기 태스크	32개
	외부접점 태스크	8개
	내부접점 태스크	16개
	초기화 태스크	3개(_INIT, _H, _INIT, _ERR, _SYS)
자기진단 기능	연산지연 감시, 메모리 이상, 입출력 이상, 배터리 이상, 전원 이상 등	
리스타트 모드	콜드, 웜, 핫 리스타트	

② IM-4260-2(PLC Input Controller)

IM-4260-2는 PLC의 입력접점과 연결하는 입력전용의 모듈이다. PLC의 입력접점은 그림 10.6의 Main Frame의 PLC INPUT POINTS 부분이다. 이 모듈에는 3상 토글스위치 1개와 푸쉬스위치, 토글스위치가 각각 8개가 장착되어 있다. COM단자는 2개로 나뉘어 있으며 이들은 각

그림 10.7 **IM-4260-2**

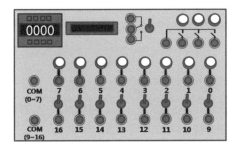

그림 10.8 **IM-4260-2 내부배선**

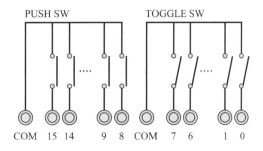

각 0~7단자가 연결되어진 토글스위치와 9~15단자가 연결되어진 푸쉬버튼 스위치로 각각 연결되어 있으며, RS-232 커넥터와 연결되는 디지털 스위치가 장착되어 있다.

③ OM-4260-3(PLC Output Simulator)

OM-4260-3은 PLC의 출력접점과 연결하는 출력전용의 모듈이다. PLC의 출력접점은 그림 10.6의 Main Frame의 PLC OUTPUT POINTS 부분이다. 이 모듈에는 16개의 램프가 장착되어 있으며, 이것 또한 IM-4260-2와 같이 COM단자는 2개로 나뉘어 있다. 이들은 각각 0~7단자가 연결되어진 램프와 9~15단자가 연결되어진 램프와 각각 연결되어 있으며, RS-232 커넥터와 연결되는 FND Display장치가 장착되어 있다.

그림 10.9 **OM-4260-3**

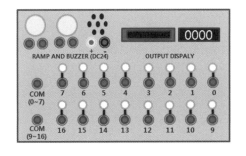

그림 10.10 **OM-4260-3 내부배선**

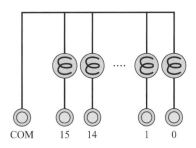

④ PM-4260-4(Count & Position Simulator)

PM-4260-4는 PLC의 입출력접점과 연결하는 모터제어 전용의 모듈이다. 이 모듈에는 1개의 스테핑 모터와 2개의 DC모터 및 그 주변의 센서들로 이루어져 있다. 각각의 모터와 센서에 대한 설명은 다음과 같다.

그림 10.11 PM-4260-4

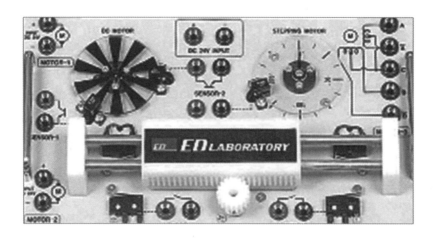

● DC모터 회전수 카운터 모듈

DC모터 회전수 카운터 모듈은 2개의 포토커플러와 1개의 모터로 이루어져 있으며 2개의 포토커플러를 이용하여 회전판에 칠해진 검은색 구간과 칠해지지 않은 부분을 감별하여 모터가 얼마만큼 회전하였는지를 확인할 수 있는 모듈이다.

그림 10.12 **회전수 카운터 모듈**

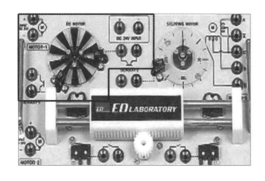

그림 10.13 **회전수 카운터 모듈 내부배선**

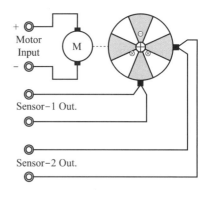

● 스테핑모터 각도제어 모듈

스테핑모터 각도제어 모듈은 1개의 포터커플러와 1개의 스테핑모터로 이루어져 있으며 포토커플러를 이용하여 회전판에 칠해진 22.5° 간격으로 표시된 마크를 인식하여 모터가 얼마만큼 회전하였는지를 확인할 수 있는 모듈이다. 스테핑 모터를 구동하기 위해서는 4개의 모터 입력을 순차적으로 변경하여야 한다.

그림 10.14 **스테핑모터 각도제어 모듈**

그림 10.15 **스테핑모터 각도제어 모듈 내부배선**

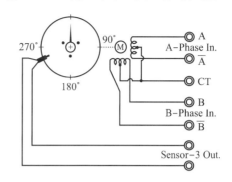

● DC모터 직선운동장치 모듈

직선운동장치 모듈은 DC모터의 회전운동을 기어를 이용하여 직선운동으로 변환하는 기능을 가진 모듈로서 1개의 DC모터와 DC모터의 회전을 통하여 이동하게 되는 수평바의 위치가 한계지역에 있는지를 감지하는 리밋스위치 2개로 이루어져 있다. 수평바가 한계지역으로 이동할 시에 그에 해당하는 리밋스위치가 ON 되는 구조이다.

그림 10.16 **직선운동장치 모듈**

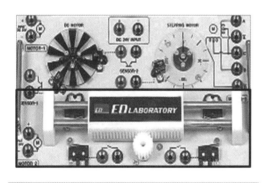

그림 10.17 **직선운동장치 구성도**

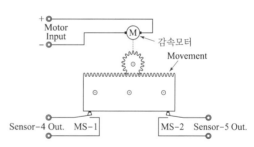

4 실험방법

실험에서는 PLC를 이용한 시스템 구동 및 제어를 수행하기 위해 먼저, 입출력점 간의 결선과 래드 다이어그램 작성을 통한 시스템 동작의 확인, 액추에이터 실험을 위한 스테핑 모터 제어, $X-Y$ 테이블의 이송을 위한 실린더 구동실험 및 컨베이어벨트 제어실험을 수행한다.

1 PLC 입출력점의 전기적 신호 및 시스템 간 연결에 대한 확인실험

(1) 회로의 배선

- 전원공급기의 출력을 DC 24 V로 설정
- PLC INPUT POINTS와 PLC OUTPUT POINTS의 COM 단자에 VCC를 연결
- PLC INPUT CONTROLLER와 PLC OUTPUT SIMULATOR의 COM 단자에 GND 연결
- 입력점인 000을 PLC INPUT CONTROLLER의 0번 커넥터와 결선
- 입력점인 001을 PLC INPUT CONTROLLER의 1번 커넥터와 결선
- 출력점인 300을 PLC OUTPUT SIMULATER의 0번 커넥터와 결선
- 출력점인 301을 PLC OUTPUT SIMULATER의 1번 커넥터와 결선

그림 10.18 **배선 및 연결확인 실험**

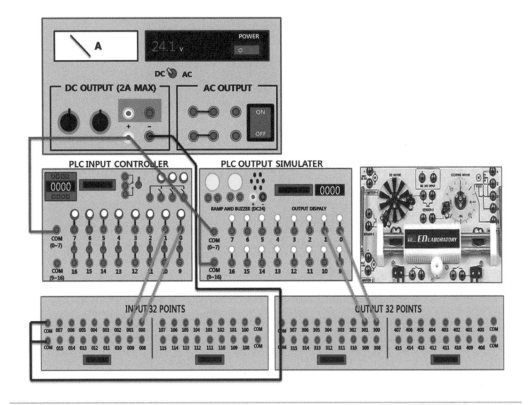

(2) 래더 다이어그램의 작성

- 입력점인 000의 a접점과 출력점 300의 출력을 연결
- 입력점인 001의 b접점과 출력점 301의 출력을 연결

그림 10.19 **배선 및 연결확인 실험의 래더 다이어그램**

```
      000                                           300
   ┤ ├──────────────────────────────────────────  ◯
      001                                           301
   ┤/├──────────────────────────────────────────  ◯
```

(3) RS-232 인터페이스를 통해 PC에서 작성된 래더 로직 다이어그램을 PC에서 PLC로 전송

(4) PLC를 구동

(5) INPUT CONTROLLER의 0번과 1번의 푸시버튼 스위치의 조작에 따른 램프의 변화를 관찰

(6) 입력점 000과 001, 그리고 출력점 300과 301의 조작에 따른 전압을 측정

2 PLC를 통한 스테핑 모터의 제어실험

(1) 회로의 배선

- 전원공급기의 출력을 DC 24 V로 설정
- PLC INPUT POINTS와 PLC OUTPUT POINTS의 COM 단자에 VCC를 연결

그림 10.20 **스테핑 모터 실험의 배선**

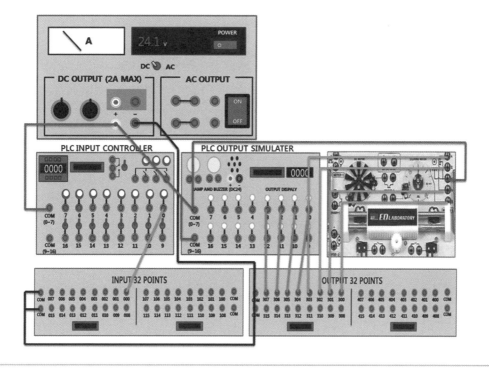

- PLC INPUT CONTROLLER와 PLC OUTPUT SIMULATOR의 COM 단자에 GND를, 스테핑 모터의 COM 단자에 VCC를 연결
- 입력점인 000을 PLC INPUT CONTROLLER의 0번 커넥터와 결선
- 입력점인 000을 PLC INPUT CONTROLLER의 0번 커넥터와 결선
- 출력점인 300, 301, 302, 303을 스테핑 모터의 A, $\overline{A}$, B, $\overline{B}$의 순으로 결선
- 출력점인 304, 305, 306, 307을 PLC OUTPUT SIMULATOR의 0, 1, 2, 3번의 순으로 연결

(2) 래더 다이어그램의 작성

PLC INPUT CONTROLLER의 0번 푸시 버튼스위치를 눌러 입력점 000의 입력을 조작하여 스테핑 모터의 각 상과 PLC OUTPUT SIMULATOR의 0, 1, 2, 3번에 연결된 출력점을 300, 304 → 301, 305 → 302, 306 → 303, 307 → 300, 304의 순으로 출력이 시프트되는 래더 다이어그램을 작성

(3) RS-232 인터페이스를 통해 작성된 래더 로직 다이어그램을 PC에서 PLC로 전송
(4) PLC를 구동
(5) INPUT CONTROLLER의 0번 푸시버튼 스위치의 조작에 따른 램프의 변화 및 스테핑 모터의 회전 정도를 측정

3 직선운동장치 모듈 제어 실험

(1) 회로의 배선

- 전원공급기의 출력을 DC 24 V로 설정
- PLC INPUT POINTS와 PLC OUTPUT POINTS의 308~315의 COM단자에 GND를 연결하고 PLC OUTPUT POINTS의 300~307의 COM단자에 VCC를 연결
- PLC INPUT CONTROLLER의 COM 단자에 VCC를 연결하고 PM-4620-4의 24 V INPUT단자에 VCC와 GND를 연결. SENSOR4와 SENSOR5의 COM(검은색) 단자에 VCC를 연결
- PLC INPUT POINTS의 002를 PLC INPUT CONTROLLER의 0번 커넥터와 결선
- PLC INPUT POINTS의 001을 PM-4620-4의 SENSOR4의 출력 단자(녹색)와 결선
- PLC INPUT POINTS의 000을 PM-4620-4의 SENSOR5의 출력 단자(녹색)와 결선
- PLC OUT POINTS의 300과 308을 PM-4620-4의 MOTOR-2의 − 단자(청색)에 연결
- PLC OUT POINTS의 301과 309를 PM-4620-4의 MOTOR-2의 + 단자(적색)에 연결

그림 10.21 **직선운동장치 모듈의 배선**

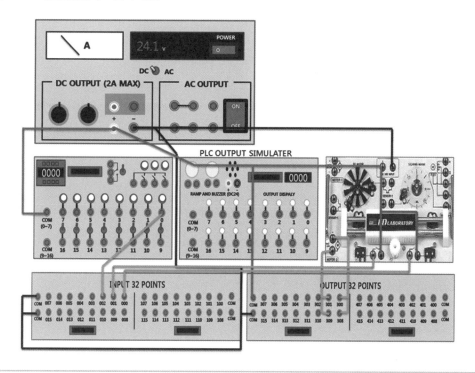

(2) 래더 다이어그램의 작성

• PLC INPUT CONTROLLER의 0번 푸시버튼 스위치를 눌러 PLC INPUT POINTS 002
의 입력을 조작하여 내부변수 직선운동장치를 구동시킨다. 입력에 의한 동작을 유지시키기
위하여 내부접점을 이용한 자기유지회로를 작성한다.

• 직선운동장치가 구동하였을 때에 SENSOR5와 연결된 PLC INPUT POINTS 002의 입력이
ON이 아닌 OFF라면 PLC OUT POINTS의 301과 308을 OFF시키고 TIMER를 이용하여
약간의 시간을 지연시킨 후에 PLC OUT POINTS 300과 309를 ON시켜 정회전으로 모터
를 구동하여 바를 SENSOR5의 방향으로 이동시킨다.

• 바가 SENSOR5가 위치한 한계지역으로 이동하여 PLC INPUT POINTS의 000의 입력이
ON이 되면 PLC OUT POINTS 300과 309를 OFF시키고, TIMER를 이용하여 약간의 시
간을 지연시킨 후에 PLC OUT POINTS 301과 308을 ON시켜 역회전으로 모터를 구동하
여 바를 SENSOR4의 방향으로 이동시킨다.

• 바가 SENSOR4가 위치한 한계지역으로 이동하여 PLC INPUT POINTS의 001의 입력이
ON이 되면 PLC OUT POINTS 301과 308을 OFF시켜 동작을 멈추고 자기유지회로를 해
제한다.

(3) RS-232 인터페이스를 통해 작성된 래더 로직 다이어그램을 PC에서 PLC로 전송

(4) PLC를 구동

(5) INPUT CONTROLLER의 0번 푸시버튼 스위치의 조작에 따른 바의 운동을 확인한다.

4 컨베이어벨트 제어실험

(1) 회로의 배선

- 전원공급기의 출력을 DC 24 V로 설정
- 모터제어반 및 센서제어반, 실린더제어반에 24 V의 VCC와 GND를 연결한다.
- PLC INPUT POINTS와 PLC OUTPUT POINTS의 COM단자에 GND를 연결
- PLC INPUT POINTS의 000을 적외선센서 수신부1에 연결하고 001에 적외선센서 수신부2를 연결한다.
- PLC OUT POINTS의 300과 실린더1, 301과 실린더2를 302와 실린더3을 각각 연결한다.
- PLC OUT POINTS의 303을 모터의 –단자에 연결하여 PLC OUT POINTS 303의 상태에 따라 모터가 구동 및 정지를 할 수 있게 한다.

그림 10.22 **컨베이어벨트 모듈**   그림 10.23 **컨베이어벨트 모듈의 각부 명칭**

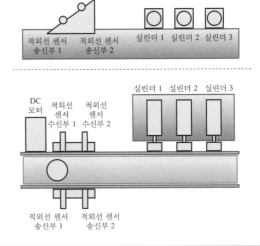

(2) 래더 다이어그램의 작성

- 적외선센서 수신부2보다 상대적으로 위치가 낮은 적외선센서 수신부1에 물체가 감지되어 PLC INPUT POINTS의 000의 입력이 OFF가 될 때에 내부접점을 이용한 자기유지회로를 구성하여 PLC OUT POINTS의 303을 ON시켜 모터가 구동되도록 한다.

- 일정시간 이후에 적외선센서 수신부1보다 상대적으로 위치가 높은 적외선센서 수신부2의 입력이 OFF가 되지 않으면 실린더1까지 이송되는 일정시간 이후에 PLC OUT POINTS 300을 ON으로 조작하여 실린더를 작동시켜 물체를 컨베이어 벨트 밖으로 제거한다. 이후에 PLC OUT POINTS 300과 303을 OFF시켜 모터를 정지시키고 실린더1을 원상태로 되돌린다.
- 일정시간 이후에 적외선센서 수신부1보다 상대적으로 위치가 높은 적외선센서 수신부2의 입력이 OFF가 되면 실린더2까지 이송되는 일정시간 이후에 PLC OUT POINTS 301을 ON으로 조작하여 실린더를 작동시켜 물체를 컨베이어 벨트 밖으로 제거한다. 이후에 PLC OUT POINTS 301과 303을 OFF시켜 모터를 정지시키고 실린더2를 원상태로 되돌린다.

(3) RS-232 인터페이스를 통해 작성된 래더 로직 다이어그램을 PC에서 PLC로 전송
(4) PLC를 구동
(5) 실험에 쓰인 컨베이어벨트의 문제점과 이를 보안할 방법에 대하여 고찰하여 본다.

⑤ 실험결과 분석 및 고찰

본 실험에서 행하였던 실험의 결과 및 실험 시의 애로사항을 바탕으로 다음 각 항목에 대하여 고찰한다.

- INPUT CONTROLLER와 PLC OUTPUT SIMULATOR, INPUT POINTS, OUTPUT POINTS 등의 모듈에서 COM단자의 의미와 VCC와 GND를 COM단자에 연결하는 이유에 대하여 고찰한다.
- 스테핑 모터 제어실험에서 푸시 버튼스위치의 조작 시에 일어나는 오동작에 대한 이유와 이의 해결책에 대하여 고찰한다.
- 제어용으로 흔하게 사용되는 ATmega128과 같은 마이컴과 PLC의 차이점을 비교하고 ATmega128 마이컴을 PLC가 가장 많이 쓰이는 공장자동화 분야에 적용시켰을 때 일어날 수 있는 문제점에 대하여 고찰한다.

⑥ 보고서 작성

실험보고서는 공학작문에서 학습한 보고서 작성요령을 기초로 하여 창의적이고 개성 있게 작성한다.

1 예비 보고서

다음과 같은 내용을 공부하여 요약 · 정리한다.

(1) 시퀀스 제어와 PLC 제어의 차이점

(2) 불대수/래더 다이어그램 이론

(3) 카르노 맵의 기본원리를 조사하고, 카르노 맵을 이용하여 로직을 단순화하는 예를 보임.

(4) PLC의 구조와 작동원리

(5) PLC 언어

(6) 아래의 불대수를 래더 다이어그램으로 표현

  ① $X = A + B$

  ② $Y = A \cdot B$

  ③ $Z = X + Y$

  ④ $Z = (X + Y) \cdot \overline{C}$

  ⑤ $Z = \overline{(A + B)}$

  ⑥ $X = \overline{L} + P$

  ⑦ $Y = L + S$

  ⑧ $O = X + Y$

(7) 그림 10.24의 래더 다이어그램을 설명하라.

그림 10.24 **타이머 포함 래더 다이어그램**

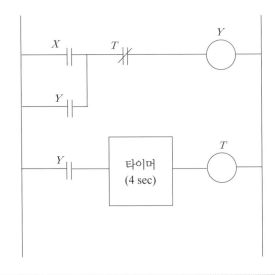

2 결과보고서

결과보고서는 다음 순서에 따라 각 장에 필요한 내용을 충실하고 간명하게 기술한다.

(1) 제목(표지)

(2) 실험목적 및 이론

실험목적과 실험내용 개요를 간명하게 서술한다.

(3) 실험장치 및 방법

실험에 사용되는 실험장치의 구성과 구성요소를 간결하게 소개하고, 실험방법의 핵심적인 내용을 간명하게 기술한다.

(4) 실험결과 분석 및 고찰

① 실험 데이터 및 조건정리

실험에서 측정한 자료와 실험환경을 포함한 실험조건을 모두 기록한다. 이 내용물은 실험활동의 핵심내용을 제시하는 것이 된다.

② 분석, 결과 종합 및 고찰

실험목적과 내용에 따라 실험 측정자료를 분석·종합하고 고찰한 내용을 기술한다. 분석과 종합을 하는 과정에서 측정자료를 곡선적합(curve fitting), 통계처리, 유도식을 이용한 2차 자료 산출 등의 실험 데이터 가공을 하는 경우에는 그 가공과정을 반드시 기술한다. 가능하면 측정, 분석자료를 표나 그림 등으로 분류·정리하여 제시하고, 표와 그림의 의미와 내용을 간명하게 나타내는 적합한 제목을 붙인다.

(5) 결론

실험에 의한 측정자료를 기초로 실험결과를 종합하고, 분석·검토·요약하며, 실험에 기초한 실험자 자신의 핵심(중요)결론을 간명하게 서술한다.

(6) 참고문헌

실험자가 실제 참고한 문헌을 대한기계학회 논문집의 참고문헌 기술양식에 따라서 수록한다.

참고문헌

1. 최교호, 시퀀스 제어의 기초에서 응용까지: PLC 프로그래밍 실습, 내하출판사.
2. 김원회 외, PLC 제어기술 이론과 실습, 성안당.
3. C. Ray Asfahl, Robots and Manufacturing Automation, 2nd ed.
4. Programmable Logic Controller & Computer Interface Card(GPC-12A), expert manual ED lab.
5. PC04 Industrial Controls Simulation and Practical Investigation System 설명서.
6. 조순복, 제어프로그래밍 ROM화 기법, 도서출판 기한재.

절삭력 측정실험

1 실험목적

압전형 힘센서를 이용한 공구동력계를 사용하여 선반작업에서 바깥지름 절삭실험을 행하면서 절삭력을 측정한다. 공구동력계에서 측정된 값은 전기적 신호로 변환하여 PC에서 신호분석하는 과정을 통해 절삭기구의 특성을 이해하고, 절삭조건(절삭속도, 이송량, 절삭깊이)의 변화에 따른 절삭력의 변화 특성을 파악한다. 이러한 절삭력의 특성파악을 통하여 공작기계의 설계변수에 있어서 가장 중요한 인자인 강성(stiffness) 결정과 절삭가공에서의 최적 절삭조건 선정에 이용하게 된다.

2 실험내용 및 이론적 배경

1 실험내용

본 실험에서는 다음의 세 가지 실험을 다룬다.

(1) 절삭속도 변화에 따른 절삭력 변화측정

절삭력은 소재를 소성변형하여 칩으로 생성하는 데 필요한 힘으로서 가공량에 따라 변하게 된다. 절삭속도는 가공량과 상관관계가 있고, 또한 절삭변수 등에도 크게 영향을 미치게 되어 절삭력이 변하게 된다. 공구동력계를 통하여 절삭속도 변화에 따른 실험을 수행한다.

(2) 이송량 변화에 따른 절삭력 변화측정

이송량, 즉 회전당 이송 값도 가공량과 상관관계가 있으므로 이송량 변화에 따라 절삭력이 변화하게 된다. 주어진 이송량 변화에 따른 절삭력 변화를 공구동력계를 통해 측정한다.

(3) 절삭깊이 변화에 따른 절삭력 변화측정

절삭깊이도 가공량과 상관관계를 갖고 있어서 절삭깊이 변화에 따라 절삭력이 변화하게 된다. 절삭깊이를 변화시키면서 공구동력계를 이용하여 절삭력 측정실험을 수행한다.

2 이론적 배경

(1) 절삭기구 및 절삭력 특성

기계부품을 만드는 데 있어서 소재로부터 불필요한 부분을 제거하여 원하는 형상과 크기로 만드는 가공방법을 절삭가공이라 부른다. 이러한 절삭가공은 공작물과 공구 사이의 상대운동을 통하여 이루어지는데, 주로 회전운동과 직선운동을 하게 된다. 선반가공에서는 공작물이 회전운동을 하고, 공구는 이송운동을 하는 것이 일반적이다. 공구는 공작물에 비해 상대적으로 경도와 강도가 큰 재료로 만들어져 있어서 공작물이 쉽게 소성변형을 하여 칩(chip)으로 유출되도록 하는 역할을 한다. 이때 공구는 공작물에 힘을 가하고 반작용으로 공작물로부터 힘을 받게 된다. 이러한 절삭공정에 작용하는 힘은 다음과 같은 절삭변수에 따라 변하게 된다.

- 공작물의 화학적, 기계적 성질
- 공구의 화학적, 기계적 성질
- 공구의 형상 및 마멸상태
- 절삭조건(절삭속도, 이송량, 절삭깊이)
- 절삭유 특성
- 절삭온도
- 공작기계의 강성

절삭력은 위와 같은 절삭변수에 따라서 크게 달라지므로 절삭공정의 비용, 생산성, 그리고 정밀도를 만족하기 위한 절삭조건을 파악하는 것이 절삭가공 기술의 기본적인 사항이다.

그림 11.1 (a)와 같이 절삭력이 공구의 진행방향과 가공면에 직각방향으로 작용하는 절삭형태를 2차원 절삭이라 한다. 그리고 그림 11.1 (b)와 같이 절삭력이 공구의 진행방향과 직각이 아닌 경우, 즉 절삭날 경사각(inclination angle)만큼 경사된 방향으로 절삭이 이루어지는 형태를 3차원 절삭이라 한다.

실제의 가공공정에 있어서는 3차원 절삭이 대부분이지만, 이에 대한 해석이 대단히 복잡하기 때문에 취급하기 쉬운 2차원 절삭 모델로부터 절삭 특성을 파악하여 3차원 절삭에 적용하거나 또는 3차원 절삭의 근사해를 얻는 데 이용하고 있다. 단순한 2차원 절삭은 주로 형삭(shaping) 및 평삭(planing) 등에서만 이루어진다.

그림 11.1 **2차원 및 3차원 절삭**

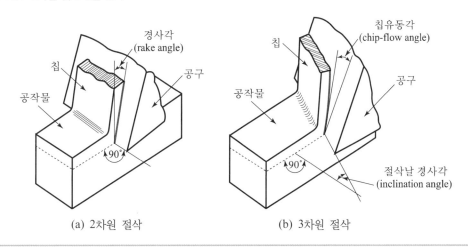

(a) 2차원 절삭　　　(b) 3차원 절삭

그림 11.2 **선삭에서의 3분력**

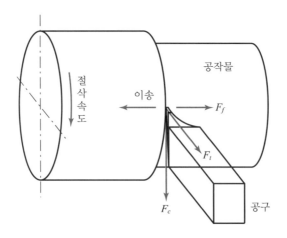

절삭공구에 의해서 가공물이 절삭되는 현상은 가공물이 큰 전단응력을 받아 재료의 항복응력 이상의 상태에서 전단에 의한 소성변형이 진행되어 칩이 생성되는 것이다. 이때 공구에 작용하는 힘을 절삭력(cutting resistance, cutting force)이라 부른다. 그림 11.2는 선반에서 환봉을 가공할 때의 절삭력을 나타낸 것이다. F_c는 주분력(principal cutting force), F_f는 이송분력(feed force) 또는 횡분력(axial force), F_t는 배분력(radial force)이라 하며, 절삭실험을 통해 얻은 결과는 일반적으로 다음과 같은 범위의 값을 갖는다.

$$F_c : F_f : F_t = (10) : (1 \sim 2) : (2 \sim 4) \tag{11.1}$$

절삭력은 절삭현상을 취급하는 데 있어서 대단히 중요하다. 즉, 절삭력은 절삭에 필요한 동력을 결정하는 데 필요할 뿐만 아니라 재료의 피삭성(machinability)을 판정하는 기준이 된다. 그외에 공구의 기하학적 형상, 절삭깊이, 이송량, 절삭속도와 같은 절삭조건의 적부를 판정하는 데도 절삭력을 통해 평가된다.

2차원 절삭에서 공작물과 공구에 작용하는 힘의 특성은 그림 11.3에서 보는 바와 같다. 전단면에 작용하는 전단력 F_s는 칩이 전단면(shear plane) AB를 따라 전단을 일으키는 데 필요한 힘이고, 전단수직력 F_n은 전단면을 수직방향으로 누르는 압축력이다.

이들의 합력, 즉 공구가 공작물에 가하는 힘은 그림에서 보는 바와 같이 합력 R로 나타나 있다. 공구의 입장에서 볼 때, 공구면에 작용하는 마찰력 F는 칩이 공구의 경사면을 따라 미끄러져 올라가는 힘이고, 공구수직력 N은 칩이 공구 경사면을 누르는 압축력이다. 변형과정에서 운동량의 변화를 무시한다면 이들의 합력은 공작물에 작용한 합력 R과 일치하게 된다. 합력 R은 측정의 편의상 공구가 절삭방향으로 전진하는 힘, 즉 주분력 F_c와 공작물의 압상력에 저항하는 수직력, 즉 배분력 F_t의 합으로 나타낼 수 있다. 절삭시험에서 공구동력계를 이용하여 F_c와 F_t를

그림 11.3 **2차원 절삭역학기구**

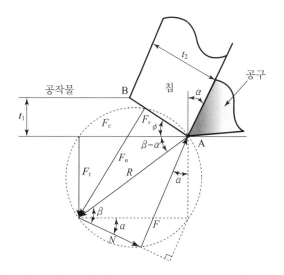

측정할 수 있으며, 이를 통해 다른 성분분력들을 계산할 수 있다. 절삭분력의 이론적인 값은 다음과 같이 구해진다. 즉, 전단면에서 전단응력분포가 균일하게 이루어지고 있다면 전단력 F_s는 다음과 같다.

$$F_s = \tau_s \cdot A_s = \frac{\tau_s \cdot A}{\sin \phi} \tag{11.2}$$

절삭력 합력 R은 힘의 평형조건으로부터 다음과 같이 구해진다.

$$R = \frac{\tau_s \cdot A}{\sin \phi} \cdot \frac{1}{\cos (\phi + \beta - \alpha)} \tag{11.3}$$

따라서 주분력 F_c와 배분력 F_t는 기하학적 특성에 의해 다음과 같다. 즉, $F_c = R \cos (\beta - \alpha)$이고 $F_t = R \sin(\beta - \alpha)$이므로 각각 다음과 같이 나타낼 수 있다.

$$F_c = \frac{\tau_s \cdot A}{\sin \phi} \cdot \frac{\cos (\beta - \alpha)}{\cos (\phi + \beta - \alpha)} \tag{11.4}$$

$$F_t = \frac{\tau_s \cdot A}{\sin \phi} \cdot \frac{\sin (\beta - \alpha)}{\cos (\phi + \beta - \alpha)} \tag{11.5}$$

여기서 τ_s는 전단항복응력, A_s는 전단면의 면적, A는 절삭면적(＝절삭폭 × 절삭깊이), ϕ는 전단각, β는 마찰각, α는 공구경사각이다.

그림 11.3에서 보는 바와 같이 절삭방향과 전단면이 이루는 각을 전단각(shear angle)이라고 하는데, 이 각이 크면 칩은 얇고 길게 되고, 이 각이 작으면 칩은 두껍고 짧게 된다. 또한, 칩이 두껍게 되면 전단면적이 크게 되므로 큰 절삭력이 필요하게 된다. 전단각을 구하기 위해서는 절

삭 전과 절삭 후의 칩 폭과 공구경사각 α를 알아야 한다. 전단각 ϕ를 실험적으로 직접 측정하는 것은 매우 어려운 문제이나 칩 발생기구의 기하학적 특성으로부터 구해질 수 있다. 절삭 전의 칩 두께를 t_1이라 하고 절삭 후에 생긴 칩 두께를 t_2라 하며, 칩 폭의 변화는 무시할 만큼 작다고 하면 다음과 같은 관계식이 기하학적으로 얻어진다.

$$\frac{t_1}{t_2} = \frac{AB \sin \phi}{AB \cos (\phi - \alpha)} \tag{11.6}$$

식 (11.6)을 ϕ에 대해서 풀면 다음과 같다.

$$\phi = \tan^{-1}[r_c \cos \alpha / (1 - r_c \sin \alpha)] \tag{11.7}$$

여기서 절삭비 r_c는 $r_c = \dfrac{t_1}{t_2}$으로서, 칩 두께비(chip thickness ratio)라고도 부르며, 절삭 전과 절삭 후의 칩의 변형도 정도를 나타낸다.

따라서, 기학적인 공구경사각 α와 칩 두께 비 r_c가 주워지면 전단각 ϕ는 식 (11.7)에 의해 일의적으로 결정된다.

마찰각 β는 공구면과 칩 사이의 마찰각으로서, 그림 11.3에서 보이는 기하학적 특성으로부터 주분력 F_c와 배분력 F_t의 크기에 관계하게 된다. 절삭현상에 있어서 전단각, 마찰각, 그리고 공구경사각 사이에는 상호 종속적인 특성이 있는데, 이들의 관계로부터 마찰각 특성을 구해서 절삭력을 결정할 수 있게 된다. 절삭과정의 특성으로부터 식 (11.8)과 같은 함수관계가 있는 것을 소성역학적 이론과 절삭실험을 통해 확인할 수 있다.

$$f(\alpha, \beta, \phi) = 0 \tag{11.8}$$

식 (11.8)과 같이 표현되는 절삭 특성은 피삭재가 보통강인 경우에 이른바 절삭방정식 (machining equation)은 다음과 같은 식 (11.9)로 나타난다.

$$2\phi + \beta - \alpha = C \tag{11.9}$$

여기서 C는 피삭재의 재료와 가공조건에 따른 값이다.

따라서 주분력 F_c와 배분력 F_t는 식 (11.4)와 (11.5)에 실험을 통해서 얻어진 절삭변수 값을 대입하면 일의적으로 결정할 수 있게 된다.

(2) 압전형 힘센서

그림 11.4에 보이는 압전형 센서는 힘을 받으면 가해지는 크기에 따라서 전하를 발생하는 센서이다. 이 센서를 감싸고 있는 두 철판 사이에 수정결정(quartz ring)이 들어 있다. 센서에 힘을

그림 11.4 **압전형 힘센서**

가하면 압전효과[1]에 의해 그 힘의 값에 비례하는 전하(electric charge)가 발생한다. 수정결정의 특성에 의해 압전형 힘센서(piezo electric sensor)는 어떠한 힘이라도 직교하는 세 방향의 힘으로 분해할 수 있다. 즉, 두 개의 수정결정은 x, y 방향의 힘을 측정하여 두 분력으로 나누고, 하나의 수정결정은 z 방향의 힘을 측정한다. 각각의 성분에 비례해서 발생된 전하는 전극을 통해서 연결단자에 도달하며, 양쪽의 지지면은 접지되어 있다.

수정 압전소자에 힘 P(kg)를 가하면 표면에 다음과 같은 전하량 Q가 발생한다.

$$Q = \delta \cdot P \tag{11.10}$$

여기서 δ는 압전기 계수로 수정의 경우에는 2.1×10^{-11} C/kg이다. 발생하는 전하는 소자의 두께, 면적에 관계없으며, 가해진 힘의 크기에만 비례한다.

(3) A/D 변환기를 통한 신호획득

전하증폭기에서 출력되는 전압인 아날로그 신호를 A/D 변환기를 통해 디지털 데이터로 변환하여 PC로 전송 및 저장한다.

3 실험장치

실험장치는 다음의 주요 기기 및 소프트웨어로 구성되어 있다.

- 압전형 힘센서(KISTLER 9602)
- A/D 변환기
- PC
- 선반(MECCA TURN 400*1000)

---

[1] 결정체의 조각에 특정 방향에서 압력을 가하여 변형시키면 결정의 표면에 가해진 압력에 비례하는 전하가 발생한다. 반대로 전압을 가하면 변형(strain)이 발생한다. 압전효과를 가진 결정으로는 수정(quartz), 로드 셀(load cell), 티탄산바륨(BaTiO$_3$) 등이 있는데, 이중 수정을 가장 많이 사용한다.

표 11.1 **압전형 힘센서(KISTLER 9602) 명세**

Range	F_x, F_y	kN	-2.5, $\cdots$, 2.5
	F_z	kN	-5, $\cdots$, 5
Sensitivity	F_x, F_y	mV/N	2
	F_z	mV/N	1
Rigidity	C_x, C_y	N/μm	240
	C_z	N/μm	1250
Max. moment Load	M_x, M_y	Nm	$-14/14$
	M_z	Nm	$-18/18$

그림 11.5 **실험장치 구성도**

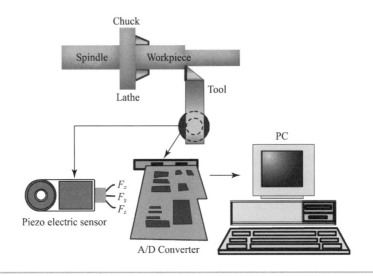

- 초경인서트(SNMA 12 04 08) 및 바이트 홀더(PSBNR2020K12)
- 피삭재(SM45C, ϕ100 mm, $l = 200$ mm)

실험장치는 그림 11.5와 같이 구성되어 있다.

4 실험방법

1 실험순서

(1) 절삭조건(절삭속도, 이송량, 절삭깊이)에 맞도록 기어를 변속한다.
(2) A/D 변환기 및 PC 상태를 확인한다.

(3) 센서의 민감도와 레벨 크기를 설정한다.

(4) 선반을 구동하고 절삭을 시작한다.

(5) 절삭력을 획득한다.

2 실험조건

절삭속도(rpm)		이송량(mm/rev)		절삭깊이(mm)	
이송량 0.1 mm/rev 절삭깊이 1 mm		절삭속도 640 rpm 절삭깊이 1 mm		절삭속도 640 rpm 이송량 0.1 mm/rev	
①	290	①	0.08	①	1.0
②	640	②	0.10	②	1.5
③	900	③	0.12	③	2.0

5 실험결과 분석 및 고찰

1 실험결과 종합

(1) 절삭속도 변화에 따른 절삭력 특성

이송량 0.1 mm/rev, 절삭깊이 1 mm		절삭력 신호(mV)	절삭력(N)
①	290		
②	640		
③	900		

(2) 이송량 변화에 따른 절삭력 특성

절삭속도 640 rpm, 절삭깊이 1 mm		절삭력 신호(mV)	절삭력(N)
①	0.08		
②	0.10		
③	0.12		

(3) 절삭깊이 변화에 따른 절삭력 특성

절삭속도 640 rpm, 이송량 0.1 mm/rev		절삭력 신호(mV)	절삭력(N)
①	1.0		
②	1.5		
③	2.0		

2 결과검토

절삭조건의 변화에 따른 절삭력의 특성을 분석한다.

6 보고서 작성

실험보고서는 공학작문에서 학습한 보고서 작성요령을 기초로 하여 창의적이고 개성 있게 작성해야 한다.

1 예비보고서

다음과 같은 내용을 공부하여 요약·정리한다.

- 절삭가공 시 절삭력의 의미와 특징에 대하여 설명하라.
- 힘을 측정할 수 있는 센서의 종류와 그 원리에 대하여 기술하라.
- 증폭기의 종류와 그 원리에 대하여 기술하라.

2 결과보고서

(1) 제목(표지)

(2) 실험목적 및 이론

실험목적과 실험내용 개요를 간명하게 서술한다.

(3) 실험장치 및 방법

실험에 사용되는 실험장치의 구성과 구성요소를 간결하게 소개하고, 실험방법의 핵심적인 내용을 간명하게 기술한다.

(4) 실험결과 분석 및 고찰

① 실험 데이터 및 조건정리

실험에서 측정한 자료와 실험환경을 포함한 실험 조건을 모두 기록한다. 이 내용물은 실험활동의 핵심 내용을 제시하는 것이 된다.

② 분석, 결과 종합 및 고찰

실험목적과 내용에 따라 실험 측정자료를 분석·종합하고 고찰한 내용을 기술한다. 분석과 종합을 하는 과정에서 측정자료를 곡선적합(curve fitting), 통계처리, 유도식을 이용한 2차 자료 산출 등의 실험 데이터 가공을 하는 경우에는 그 가공과정을 반드시 기술한다. 가능하면 측정, 분석자료를 표나 그림 등으로 분류 · 정리하여 제시하고, 표와 그림의 의미와 내용을 간명하게 나타내는 적합한 제목을 붙인다.

(5) 결론

실험에 의한 측정자료를 기초로 실험결과를 종합하고, 분석 · 검토 · 요약하며, 실험에 기초한 실험자 자신의 핵심(중요)결론을 간명하게 서술한다.

(6) 참고문헌

실험자가 실제 참고한 문헌을 대한기계학회 논문집의 참고문헌 기술양식에 따라서 수록한다.

● 참고문헌 —————————————————————————————

1. Geoffrey Boothroyd and Winston A. Knight, Fundamentals of machining and machine tools, Marcel Dekker Inc., 1996.
2. 서남섭, 금속절삭이론, 동명사, 1997.
3. 강명순, 최신공작기계, 청문각, 1990.
4. Warren R. Devris, analysis of material removal process, Spring-Verlag, 1991.
5. Wit Grzwsik, Advanced machining process of metallic materials, Elsevier, 2008.

링 압축에 의한
마찰상수 측정실험

❶ 실험목적

금속 성형공정에서 금속유동은 금형으로부터 소재로 전달되는 압력에 의해 일어난다. 또한 재료와 금형접촉면에서 마찰조건은 금속유동, 표면형성, 내부결함, 금형에 작용하는 응력, 성형 에너지 등에 큰 영향을 미친다. 그러므로 금속 성형공정에서의 마찰조건을 판단하는 것이 중요한 문제가 된다. 금속성형에서 마찰조건과 윤활상태를 평가하기 위하여 그림 12.1과 같은 링 압축실험을 가장 많이 이용하며, 본 장에서는 이 링 압축실험을 통하여 마찰상수를 측정하도록 한다.

그림 12.1 **링 압축실험에서 금속유동**

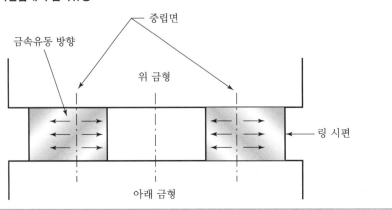

❷ 실험내용 및 이론적 배경

1 실험내용

금속성형에서 금형과 소재 사이의 접촉면의 마찰상태를 파악하기 위하여 링 압축실험을 수행한다. 실험내용은 우선 마찰조건에 따른 마찰상수의 변화를 살펴보기 위하여 윤활제를 사용하지 않은 상태에서 마찰상수를 구한다. 또한, 냉간가공과 열간가공에 잘 사용되는 세 가지 윤활제를 선택하여 링 압축실험을 수행하고, 윤활상태에서 윤활제의 특성을 알아본다.

2 이론적 배경

(1) 마찰

금속성형에서 존재하는 마찰조건에는 다음의 세 가지 형태가 있다.

① 건조마찰(dry friction)

건조마찰에서는 윤활제는 사용되지 않고 산화피막이 금형과 소재 사이에서 분리층의 역할을 한다. 이 건조마찰은 마찰저항이 크므로 평판의 열간압연과 알루미늄 합금의 무윤활 압출과 같은 몇몇의 성형공정에만 적용 가능하다.

② 유체마찰(fluid friction)

유체마찰은 윤활제의 두터운 층이 금형과 소재 사이에 있을 때 적용된다. 이 경우 마찰조건은 윤활제의 점도와 금형과 소재 사이의 상대속도에 의해 결정된다. 대부분의 윤활제의 점도는 온도가 높아짐에 따라 급속히 감소한다. 따라서 유체마찰은 띠판압연(strip rolling)과 선 인발(wire drawing)과 같은 실제 고속 성형공정에서 접촉온도가 상대적으로 낮을 때 존재한다.

③ 경계마찰(boundary friction)

경계마찰은 금속성형에서 가장 일반적인 형태이다. 접촉면에서 온도의 증가와 비교적 큰 성형압력조건 하에서는 일반적으로 유체마찰이 존재할 수 없다. 그런데 경계마찰은 해석을 제대로 하기가 쉽지 않다. 따라서, 금속성형에서 마찰에 대한 대부분의 지식은 이론적인 해석에 근거하지 않고 주로 경험에 의한 것이다.

(2) 금속성형에 사용되는 윤활제의 특징

금속성형에서 마찰은 주어진 조건에 적당한 윤활제를 사용함으로써 조절될 수 있다. 윤활제는 다음과 같은 특징을 가지고 있어야 한다.

- 금형과 소재 사이의 미끄럼마찰을 줄여야 한다. 이는 높은 윤활성을 가진 윤활제를 사용함으로써 해결된다.
- 이형제의 역할을 해야 하고 소재가 금형에 고착되는 것을 막아야 한다.
- 특히 열간성형에서는 소재로부터 금형으로 열이 소모되는 것을 막기 위해 좋은 단열성을 가져야 한다.
- 성형온도에서 금형과 소재 사이의 반응을 막거나 최소화해야 한다.
- 금형표면의 부식과 금형마모를 막아야 한다.
- 오염과 독성이 없는 성분으로 유독성 가스를 발생시키지 않아야 한다.
- 금형과 소재 사이에 바르기 쉽고 제거하기 쉬워야 한다.
- 가격이 적당해야 한다.

하나의 윤활제로 위의 필요조건을 모두 만족시킬 수 없으며, 하나의 방법으로 동시에 모든 성질을 얻을 수도 없다. 따라서, 하나 또는 그 이상의 윤활제의 성질을 평가하는 다양한 방법들이 있다.

(3) 윤활성과 마찰전단응력

대부분의 성형공정에서 윤활제의 윤활성은 접촉 마찰면에서 직접적으로 결정하는 아주 중요한 요소이다. 다양한 윤활제의 효율을 평가하고, 성형압력을 평가하기 위해서 접촉면의 마찰을 계수나 상수의 형태로 정량화하여 나타낼 필요가 있다. 이러한 정량화의 방법으로는 다음 두 가지가 있다.

$$\tau = \sigma_n \mu \qquad (12.1)$$

$$\tau = mk \quad (0 \leq m \leq 1) \qquad (12.2)$$

식 (12.1)은 마찰전단응력 τ가 금형이 소재 접촉면의 수직응력 σ_n에 비례함을 의미하고, μ는 마찰계수이다. 식 (12.2)는 마찰전단응력 τ가 변형 소재의 전단항복응력 k에 의해 결정됨을 의미하고, m은 마찰전단상수이다. 성형역학의 최근 연구에서 식 (12.2)가 금속성형에서 마찰전단응력을 평가하는 데 적당하고, 마찰과 작용응력, 하중 계산 시에 이점이 있음을 알 수 있다. 다양한 성형조건에 대해 m 값은 다음과 같이 변한다.

- $m = 0.05 \sim 0.15$: 강(steel), 알루미늄 합금, 구리의 냉간성형에서 인산피막(phosphate-soap) 윤활제나 기름을 사용
- $m = 0.2 \sim 0.4$: 강, 구리와 알루미늄 합금의 열간성형에서 흑연계(graphite-water 또는 graphite-oil) 윤활제를 사용
- $m = 0.1 \sim 0.3$: 티타늄과 고온합금의 열간성형에서 유리 윤활제(glass lubricant)를 사용
- $m = 0.7 \sim 1.0$: 윤활제가 사용되지 않을 때, 즉 판재의 열간압연과 알루미늄 합금의 무윤활 압출에서 사용

열간성형에 대해 마찰전단상수 m을 결정하기 위해서는 윤활효과와 더불어 금형의 냉각효과와 고온의 소재로부터 저온의 금형으로의 열전달을 고려해야만 한다.

(4) 링 압축실험

마찰전단상수 m으로 정의된 윤활성은 보통 링 압축실험에서 얻어진다. 링 압축실험은 그림 12.1과 같이 링 모양의 시편의 높이방향으로 압축하중을 가하여 높이의 변화율에 따른 안지름의 변화율을 구한다. 왜냐하면 링의 높이변화율에 따른 안지름의 변화율은 공구와 시편 접촉면의 마찰과 밀접한 관계가 있기 때문이다. 만약 공구와 시편의 접촉면에 마찰이 전혀 없다면, 그림 12.2 (a)와 같이 링은 초기의 원통형상을 유지하면서 변형을 하게 된다. 그러나 접촉면에 만약 마찰이 있다면, 그림 12.2 (b)와 같이 링 높이의 중간 부분이 튀어나온 형상(bulging)으로 변형을

그림 12.2 **마찰 유무에 따른 시편의 형상**

(a) 마찰이 없는 경우   (b) 마찰이 있는 경우

그림 12.3 **초기 시편 및 변형된 링의 형상**

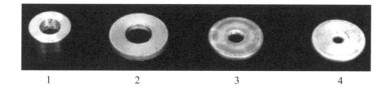

1   2   3   4

하게 된다. 마찰이 작으면 안지름은 커지고, 마찰이 크면 안지름이 작아지는 것을 그림 12.3을 통하여 알 수 있다. 그림 12.3에서 1번은 초기 링의 형상이고, 2번부터 4번까지는 변형된 링의 형상으로 2번에서 4번으로 갈수록 마찰상수가 더 커진다.

링 압축실험을 통해 마찰을 결정하는 데는 변형에 필요한 하중과 시편소재의 유동응력을 알 필요가 없으므로 시험결과의 산출은 지극히 간단해진다. 마찰상수의 크기를 결정하기 위해서 다양한 마찰전단상수 m에 대해 예상된 값들과 시험에서 얻어진 안지름의 변화율들을 비교해야 한다. 이 점에서 몇몇의 이론적 해석이 이용될 수 있다. 이를 위해 벌징현상을 고려한 링 압축실험의 금속유동을 수학적으로 시뮬레이션한 이론적 해석이 사용된다. 따라서, 다양한 높이 감소율과 마찰상수 m값에 대해 링 치수를 결정할 수 있는데, 바깥지름 : 안지름 : 높이의 비가 6 : 3 : 2, 6 : 3 : 1인 링 시편에 대하여 이러한 결과들을 그림 12.4와 같이 플로팅하여 이론적인 보정곡선(calibration curve)을 구할 수 있다. 주어진 실험조건에서 높이의 변화량에 대한 안지름의

그림 12.4 **링 압축에 대한 이론 보정곡선**

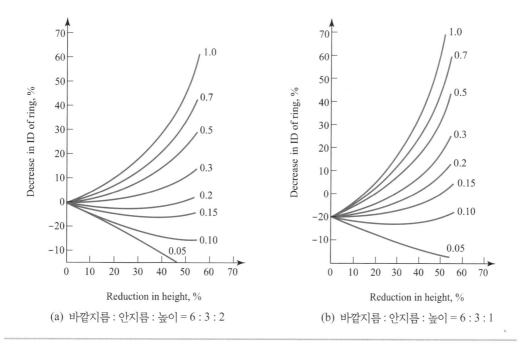

(a) 바깥지름 : 안지름 : 높이 = 6 : 3 : 2   (b) 바깥지름 : 안지름 : 높이 = 6 : 3 : 1

변화량을 이론 보정곡선 위에 점들로 표시하고, 표시한 점들에 가장 가까운 이론적 곡선의 마찰전단상수 m값을 실험한 윤활제의 마찰전단상수 m값으로 잡는다.

여러 가지 소재에 대해 미국 오하이오대학교에서 500톤 기계 프레스로 행정속도 90 mm/min로 총 행정거리 250 mm의 링 압축실험을 수행하여 얻은 결과를 표 12.1에 나타내었다. 표 12.1은 마찰전단상수 m에 대한 최적의 값은 아니지만 기계 프레스의 실제 작동에 대한 m값의 크기 정도는 알 수 있다. 여러 가지 윤활제와 기계에 대한 비슷한 데이터를 다른 교재에서도 얻을 수 있다.

표 12.1 **기계식 프레스에서 행한 링 압축실험에서 얻은 마찰전단상수(금형온도 $\simeq$ 300°F; 표면정밀도 $\simeq$ 25 μin)**

재 료	시편온도 (°F)	마찰전단상수 (m)	접촉시간 (sec)	시편치수비 $D_o : D_i : H$	윤활방법
6061 Al	800	0.4	0.038	6 : 3 : 0.5	(a)
	800	0.31	0.047	6 : 3 : 1	(a)
	800	0.53	0.079	6 : 3 : 2	(a)
Ti-7Al-4Mo	1,750	0.42	0.033	3 : 1.5 : 0.25	(b)
	1,750	0.42	0.044	3 : 1.5 : 0.5	(b)
	1,750	0.7	0.056	3 : 1.5 : 1	(b)
403 SS	1,800	0.23	0.029	3 : 1.5 : 0.25	(b)
	1,800	0.24	0.039	3 : 1.5 : 0.5	(b)
	1,800	0.34	0.047	3 : 1.5 : 1	(b)
	1,950	0.28	0.06	3 : 1.5 : 1	(b)
	2,050	0.35	0.06	3 : 1.5 : 1	(b)
Waspaloy	2,100	0.18	0.06	3 : 1.5 : 1	(b)
17-7PH SS	1,950	0.28	0.06	3 : 1.5 : 1	(b)
	2,100	0.35	0.06	3 : 1.5 : 1	(b)
Ti-6Al-4V	1,700	0.3	0.06	3 : 1.5 : 1	(b)
	1,750	0.46	0.06	3 : 1.5 : 1	(b)
Inconel 718	2,000	0.18	0.06	3 : 1.5 : 1	(b)
	2,100	0.33	0.06	3 : 1.5 : 1	(b)
Ti-8Al-1Mo-1V	1,750	0.27	0.06	3 : 1.5 : 1	(b)
	1,800	0.27	0.06	3 : 1.5 : 1	(b)
Udimet	2,050	0.4	0.06	3 : 1.5 : 1	(b)
7050 Al	700	0.37	0.06	5 : 3 : 1	(a)
	800	0.31	0.06	5 : 3 : 1	(a)

(a) 시편에 부식제 예비 코팅하고 흑연 코팅[Dag 137(Acheson)], 금형에 흑연[Deltaforge 43(Acheson)] 분사
(b) 시편에 유리계열[Deltaforg 347(Acheson)] 코팅, 금형에 흑연[Deltaforge 43] 분사

③ 실험장치

실험장치는 다음의 주요 기기 및 소프트웨어로 구성되어 있다.

(1) 수동식 유압프레스 및 하중변위 측정기

그림 12.5 **수동식 유압프레스**

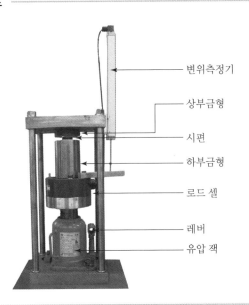

변위측정기
상부금형
시편
하부금형
로드 셀
레버
유압 잭

그림 12.6 **실험장치의 구성도**

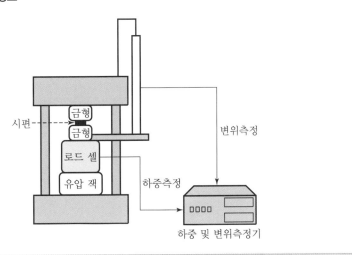

시편
금형
금형
로드 셀
유압 잭
변위측정
하중측정
하중 및 변위측정기

(2) 버니어캘리퍼스

4 실험방법

(1) 바깥지름(D_o) : 안지름(D_i) : 높이(H)의 비가 6 : 3 : 2, 6 : 3 : 1 중의 하나인 링 시편을 제작한다(그림 12.7 참조).
(2) 윤활제를 준비한다.
(3) 링 시편과 금형에 윤활제를 바른다.
(4) 링 시편을 높이감소율 10%로 압축한 후 안지름을 측정한다.
(5) 10%로 압축한 시편의 높이감소율 20%, 30%, 40%, 50%에 대해서도 (3), (4)번을 반복한다.
(6) 다음 식들을 이용하여 변형된 시편의 높이감소율과 안지름 변화율을 계산한 후, 링 시편의 치수비에 맞는 이론 보정곡선 위에 실험값들을 표시하여 마찰상수 m을 구한다.

그림 12.7 **링 시편의 단면**

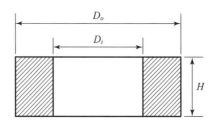

링의 높이감소율은

$$\frac{H - H_f}{H} \times 100 (\%) \tag{12.3}$$

여기서 H는 링 시편의 초기 높이이고, H_f는 압축한 후의 링의 높이이다.

링 시편의 안지름 변화율은

$$\frac{D_i - D_f}{D_i} \times 100 (\%) \tag{12.4}$$

여기서 D_i는 링 시편의 초기 안지름이고, D_f는 압축한 후의 링의 안지름이다.

5 실험결과 분석 및 고찰

압축된 링의 안·바깥지름 변화는 재료와 금형접촉면의 마찰상태에 따라 달라진다. 마찰이

그림 12.8 **마찰의 정도에 따른 링의 변형 양상**

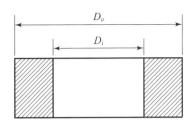

(a) 초기 링: $D_n = 0$, 마찰이 없는 상태, 외부 유동만 발생

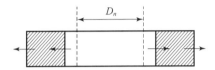

(b) $D_n < D_i$: 마찰이 작은 경우, 외부 유동만 발생

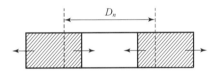

(c) $D_i < D_n < D_o$: 마찰이 큰 경우, 내부와 외부 유동이 동시 발생

0인 경우 안·바깥지름은 벌징현상 없이 중실 원통과 같이 변형하며, 마찰이 큰 경우는 변형이 진행됨에 따라 안지름은 감소하는 반면에 마찰이 작은 경우는 안지름이 증가한다. 그림 12.8은 벌징을 고려하지 않은 균일변형이라고 가정한 경우, 중립면(D_n)과 재료의 유동양상을 보여주고 있다.

6 보고서 작성

실험보고서는 공학작문에서 학습한 보고서 작성요령을 기초로 하여 창의적이고 개성 있게 작성해야 한다.

1 예비보고서

다음과 같은 내용을 공부하여 요약·정리한다.

(1) 금속성형에서 마찰에 관해 조사하라.

- 마찰의 정의, 종류, 특징 등
- 금속성형에서 마찰의 중요성

(2) 윤활제의 종류, 특성, 용도 등을 조사하라.

2 결과보고서

(1) 제목(표지)

(2) 실험목적 및 이론

실험목적과 실험내용 개요를 간명하게 서술한다.

(3) 실험장치 및 방법

실험에 사용되는 실험장치의 구성과 구성요소를 간결하게 소개하고, 실험방법의 핵심적인 내용을 간명하게 기술한다.

(4) 실험결과 분석 및 고찰

① 실험 데이터 및 조건정리

실험에서 측정한 자료와 실험환경을 포함한 실험조건을 모두 기록한다. 이 내용물은 실험활동의 핵심내용을 제시하는 것이 된다.

② 분석, 결과 종합 및 고찰

실험목적과 내용에 따라 실험 측정자료를 분석·종합하고 고찰한 내용을 기술한다. 분석과 종합을 하는 과정에서 측정자료를 곡선적합(curve fitting), 통계처리, 유도식을 이용한 2차 자료 산출 등의 실험 데이터 가공을 하는 경우에는 그 가공과정을 반드시 기술한다. 가능하면 측정, 분석자료를 표나 그림 등으로 분류·정리하여 제시하고, 표와 그림의 의미와 내용을 간명하게 나타내는 적합한 제목을 붙인다.

(5) 결론

실험에 의한 측정자료를 기초로 실험결과를 종합하고, 분석·검토·요약하며, 실험에 기초한 실험자 자신의 핵심(중요)결론을 간명하게 서술한다.

(6) 참고문헌

실험자가 실제 참고한 문헌을 대한기계학회 논문집의 참고문헌 기술양식에 따라서 수록한다.

● 참고문헌 ——

1. Geoffrey W. Rowe, Principles of Industrial Metalworking Processes, Edward Arnold, 1977.

2. Taylan Altan, Soo-Ik Oh, Harold L. Gegel, Metal Forming: Fundamentals and Applications, American Socierty for Metals, 1983.

3. Edward M. Mielnik, Metalworking Science and Engineering, McGraw-Hill, Inc., 1991.

4. Kurt Lange, Handbook of Metal Forming, McGraw-Hill Book Company, 1985.

기계공학응용실험 제3판

2016년 02월 25일 제3판 1쇄 펴냄 | 2017년 07월 20일 제3판 2쇄 펴냄
지은이 기계공학실험교재편찬위원회 | 펴낸이 류원식 | 펴낸곳 **청문각출판**

편집부장 김경수 | 제작 김선형 | 홍보 김은주 | 영업 함승형 · 박현수 · 이훈섭
주소 (10881) 경기도 파주시 문발로 116(문발동 536-2) | 전화 1644-0965(대표)
팩스 070-8650-0965 | 등록 2015. 01. 08. 제406-2015-000005호
홈페이지 www.cmgpg.co.kr | E - mail cmg@cmgpg.co.kr
ISBN 978-89-6364-263-5 (93550) | 값 14,000원